Uni-Taschenbücher 842

T0210802

UTB

Eine Arbeitsgemeinschaft der Verlage

Birkhäuser Verlag Basel und Stuttgart
Wilhelm Fink Verlag München
Gustav Fischer Verlag Stuttgart
Francke Verlag München
Paul Haupt Verlag Bern und Stuttgart
Dr. Alfred Hüthig Verlag Heidelberg
Leske Verlag + Budrich GmbH Opladen
J. C. B. Mohr (Paul Siebeck) Tübingen
C. F. Müller Juristischer Verlag – R. v. Decker's Verlag Heidelberg
Quelle & Meyer Heidelberg
Ernst Reinhardt Verlag München und Basel
F. K. Schattauer Verlag Stuttgart-New York
Ferdinand Schöningh Verlag Paderborn
Dr. Dietrich Steinkopff Verlag Darmstadt
Eugen Ulmer Verlag Stuttgart
Vandenhoeck & Ruprecht in Göttingen und Zürich
Verlag Dokumentation München

Addison Ault
Gerald O. Dudek

Protonen-Kernresonanz-Spektroskopie

Spektroskopie

Eine Einführung

Autorisierte Übersetzung von
Werner Brügel

Mit 107 Abbildungen und 8 Tabellen

Springer-Verlag Berlin Heidelberg GmbH

Dr. *Addison Ault* lehrt am Cornell College in Mount Vernon, Iowa, Dr. *Gerald O. Dudek* an der Harvard University in Cambridge, Mass. Der Übersetzer, Dr. *Werner Brügel*, ist ein erfahrener Physiker und Spektroskopiker bei der BASF in Ludwigshafen, Herausgeber der im gleichen Verlag erscheinenden Reihe „Wissenschaftliche Forschungsberichte" und Autor folgender Bücher: „Einführung in die Ultrarotspektroskopie" (4. Aufl. Darmstadt 1969), „Kernresonanz-Spektrum und chemische Konstitution" (Darmstadt 1967). Er hat ferner folgende Bücher aus dem Englischen übersetzt: *L. J. Bellamy* „Ultrarot-Spektrum und chemische Konstitution" (Nachdr. 2. Aufl. Darmstadt 1974); *C. Herzberg* „Einführung in die Molekülspektroskopie" (Darmstadt 1973).

Titel der englischen Originalausgabe
NMR AN INTRODUCTION TO PROTON NUCLEAR MAGNETIC
RESONANCE SPECTROSCOPY
By
ADDISON AULT   GERALD O. DUDEK
Cornell College, Mt. Vernon, Iowa Harvard University, Cambridge, Mass.

CIP-Kurztitelaufnahme der Deutschen Bibliothek

Ault, Addison:

Protonen-Kernresonanz-Spektroskopie: e. Einf./Addison Ault;
Gerald O. Dudek. Autoris. Übers. von Werner Brügel. – Darmstadt: Steinkopff, 1978.
 (Uni-Taschenbücher; 842)
 ISBN 978-3-7985-0513-1 ISBN 978-3-642-95966-0 (eBook)
 DOI 10.1007/978-3-642-95966-0
NE: Dudek, Gerald O.:

Einbandgestaltung: Alfred Krugmann, Stuttgart

Gebunden bei der Großbuchbinderei, Sigloch, Stuttgart

Vorwort

Dieses Buch bezweckt die Bereitstellung einer Einführung in die Praxis und Theorie der NMR-Spektroskopie, die es dem studentischen Leser ermöglicht, das Protonenresonanzspektrum einer einfachen unbekannten organischen Verbindung aufzunehmen und zu deuten.

Zwar enthalten die meisten einführenden Lehrbücher der organischen Chemie eine Darstellung der NMR-Spektroskopie, jedoch ist die Besprechung gewöhnlich ziemlich knapp. Auch viele Laboratoriumsvorschriften der organischen Chemie erwähnen die NMR-Spektroskopie, aber nur einige besprechen die Deutung der Spektren; selten wird erläutert, wie die Probe zu präparieren und wie das Spektrum aufzunehmen ist. Nachdem nunmehr NMR ein so bedeutsamer Teil der organischen Chemie geworden ist und Protonenresonanzspektrometer weithin verfügbar sind, glauben wir, daß viele Dozenten und Studenten der Theorie und Praxis der NMR-Spektroskopie mehr Aufmerksamkeit zu widmen wünschen. Dieses kurze Einführungsbuch ist daher so angelegt, daß es eine umfassendere Darstellung erleichtert. In den ersten Kapiteln werden der NMR-Effekt eingeführt und die drei Hauptmerkmale eines NMR-Spektrums beschrieben: die Unterschiede in der chemischen Verschiebung, das Integral und die Linienaufspaltung infolge von Spin-Spin-Wechselwirkung. Sodann wird die Aufspaltung 1. Ordnung gezeigt und besprochen; dann werden von der 1. Ordnung abweichende, komplizierte Aufspaltungsbilder beschrieben. Die magnetische Äquivalenz wird exakt definiert. Kap. 7 ist der Deutung der Protonenresonanzspektren einer Anzahl von Verbindungen bekannter Struktur gewidmet und erläutert, wie die Interpretation der Spektren unbekannter Verbindungen anzupacken ist. Zwei Kapitel beschreiben dann praktische Aspekte der Probenvorbereitung und der Spektrenaufnahme, und ein Schlußkapitel erwähnt einige weitere Anwendungen und Techniken der NMR-Spektrometrie. Am Schluß mancher Kapitel sind zahlreiche Aufgaben zu Übungszwecken zusammengestellt.

Addison Ault
Mt. Vernon, Iowa

Gerald O. Dudek
Cambridge, Massachusetts

V

Inhalt

1. Spektroskopische Methoden

Spektroskopische Verfahren beschäftigen sich mit der Messung des Ausmaßes, mit dem elektromagnetische Strahlung (Strahlungsenergie) durch Materie absorbiert oder emittiert wird. Das Ausmaß der Absorption oder Emission elektromagnetischer Strahlung ändert sich mit ihrer Wellenlänge; die Darstellung des Absorptions- oder Emissionsbetrages als Funktion der Wellenlänge wird Absorptions- oder Emissionsspektrum genannt.

Spektroskopische Verfahren lassen sich einteilen entweder nach dem betroffenen Teil des elektromagnetischen Spektrums oder nach den Vorgängen im Atom oder Molekül, die für die Absorption der Strahlungsenergie als verantwortlich angesehen werden. Zum Beispiel werden die Ausdrücke „Ultraviolettspektroskopie" bzw. „Spektroskopie im Sichtbaren" und „Elektronenspektroskopie" oft wechselseitig benutzt, da der Vorgang der Energieabsorption in diesem Teil des elektromagnetischen Spektrums gewöhnlich auf die Anregung eines Elektrons von einem niedrigeren elektronischen Energieniveau in ein höheres zurückzuführen ist. In ähnlicher Weise wird die Infrarotspektroskopie oft als Schwingungsspektroskopie oder Rotationsschwingungsspektroskopie bezeichnet, und die Mikrowellenspektroskopie kann Rotationsspektroskopie genannt werden. Abb. 1.1. stellt die Beziehungen zwischen der Energie, der Frequenz und der Wellenlänge der elektromagnetischen Strahlung dar; sie enthält auch die Bezeichnungen der wesentlichen Bereiche des elektromagnetischen Spektrums.

Aus Abb. 1.1. erkennt man, daß die magnetische Kernresonanz (NMR) die Absorption von elektromagnetischer Strahlung im Radiofrequenzbereich des elektromagnetischen Spektrums betrifft und daß die dabei in Betracht kommende Energie recht gering ist. Kap. 2 beschreibt den Prozeß, welchem die Absorption der Strahlungsenergie in diesem Teil des elektromagnetischen Spektrums zugrunde liegt.

Ein Grund dafür, daß spektroskopische Verfahren für den Chemiker so nützlich sind, ist der folgende: Wenn der Zusammenhang zwischen dem Mechanismus der Energieabsorption und der Molekülstruktur bekannt ist, können die Spektren von Molekülen unbekannter Struktur dann im Hinblick auf Merkmale der Molekülstruktur gedeutet werden, die entweder vorhanden oder nicht vorhanden sind.

Vor der Entwicklung der NMR-Spektroskopie war die Infrarotspektroskopie in dieser Hinsicht am brauchbarsten, da die An- oder Abwesenheit von Absorption bei bestimmten Wellenlängen in Beziehung gesetzt werden konnte zu der An- oder Abwesenheit bestimmter funktioneller Gruppen oder Atomkombinationen. Heute wird die NMR-Spektroskopie dazu ebenso weit und umfassend benutzt; der Grund dafür ist, daß Merkmale des NMR-Spektrums bis in Einzelheiten gedeutet werden können:

1. hinsichtlich der An- oder Abwesenheit bestimmter magnetischer Kerne in unterschiedlichen funktionellen Gruppen und

2. hinsichtlich der strukturellen und geometrischen Beziehungen zwischen den magnetischen Kernen.

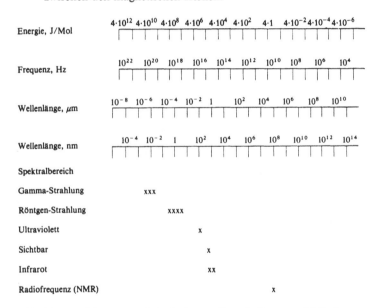

Abb. 1.1. Das elektromagnetische Spektrum: Energie, Frequenz, Wellenlänge.

NMR-Techniken werden auch umfassend beim Studium von chemischen und Konformationsgleichgewichten sowie der Geschwindigkeit und der Mechanismen von chemischen Reaktionen benutzt.

2. Grundlage des kernmagnetischen Resonanzeffekts

2.1. Magnetische Eigenschaften von Atomkernen

Einige Atomkerne – z. B. die am häufigsten vorkommenden Isotope von Kohlenstoff (^{12}C) und Sauerstoff (^{16}O) – besitzen keine magnetischen Eigenschaften. Andere – wie das am häufigsten vorkommende Wasserstoffisotop (^{1}H; das Proton), Fluor (^{19}F) und Phosphor (^{31}P) – verhalten sich wie Magnete. Wenn sie in ein magnetisches Feld gebracht werden, nehmen sie eine bevorzugte Orientierung ein, nämlich die der niedrigsten Energie, gerade wie eine Kompaßnadel im magnetischen Feld der Erde. Diese drei Atomkerne besitzen, wie man sagt, ein magnetisches Dipolmoment.

Um den Magneten in eine weniger bevorzugte Orientierung höherer Energie zu bringen, muß Arbeit an ihm geleistet werden (d. h. Energie muß dem System zugeführt werden). Obwohl eine Kompaßnadel praktisch in jede Orientierung bezüglich des magnetischen Feldes der Erde gebracht werden kann, sind für die erwähnten drei magnetisch aktiven Kerne – ^{1}H, ^{19}F und ^{31}P – nur zwei Orientierungen möglich, eine von geringerer Energie (in Richtung des äußeren Feldes) und eine von höherer Energie (entgegen dem äußeren Feld). Der Energieunterschied ΔE der beiden Orientierungen ist proportional zur Stärke des magnetischen Feldes am Orte des Kerns H_{Kern}, das der Kern erfährt:

$$\Delta E \sim H_{Kern}. \qquad (2.1.)$$

Je größer das Magnetfeld, desto größer die Energiedifferenz des Atomkerns in den beiden Zuständen.

Wenn sich eine große Zahl von Kernen eines speziellen magnetisch aktiven Isotops in einem Magnetfeld im thermischen Gleichgewicht befindet, werden mehr Kerne im unteren als im oberen Energiezustand sein. Die relative Zahl in den beiden Zuständen entspricht der *Boltzmann*-Verteilung:

$$\frac{\text{Besetzungszahl im oberen Zustand}}{\text{Besetzungszahl im unteren Zustand}} = e^{-\Delta E/RT}. \qquad (2.2.)$$

Für die experimentell herstellbaren Magnetfelder ist (bei Raumtemperatur) ΔE so klein gegen RT, daß fast genau so viel Kerne sich im oberen wie im unteren Zustand befinden. Für Protonen z. B. beträgt, wenn in einem NMR-Spektrometer H_{Kern} = 1,4092 Tesla ist, ΔE = 0,0239 J/mol. Da bei Raumtemperatur RT = 2480 J/mol ist, so ist $\Delta E/RT \approx 1 \times 10^{-5}$. D. h. von 2000010 Kernen befinden sich

Tab. 2.1. Magnetische Eigenschaften ausgewählter Atomkerne

Isotop	NMR-Frequenz für ein Magnetfeld von 1,4092 T MHz	Natürliche Häufigkeit %	Relative Empfindlichkeit	Magnetisches Dipolmoment μ	Spin-Quantenzahl I
^{1}H	60,000	99,9844	1,000	2,79270	1/2
^{2}H	9,210	0,0156	0,009	0,85738	1
^{13}C	15,086	1,108	0,016	0,70220	1/2
^{14}N	4,335	99,635	0,001	0,40358	1
^{15}N	6,081	0,365	0,001	$-0,28304$	1/2
^{17}O	8,134	0,037	0,029	$-1,8930$	5/2
^{19}F	56,447	100	0,834	2,6273	1/2
^{31}P	24,290	100	0,066	1,1305	1/2

1 000 000 im oberen und 1 000 010 im unteren Zustand. Das steht in deutlichem Gegensatz zu den Elektronenenergieniveaus, bei denen der Unterschied ΔE zwischen den Energieniveaus so groß ist, daß bei Raumtemperatur praktisch jedes Molekül sich in seinem elektronischen Grundzustand befindet, und ebenso zu den Schwingungsniveaus, wo eine Besetzung von ein paar Prozent im ersten angeregten Zustand schon relativ groß ist.

Tab. 2.1. unterrichtet über die magnetischen Eigenschaften von einigen Atomkernen.

2.2. Mechanismus der Energieabsorption

Wie in der UV- und IR-Spektroskopie können Übergänge oder Sprünge zwischen zwei Energiezuständen geschehen, wenn die Kerne mit elektromagnetischer Strahlung bestrahlt werden, für die die Energie (*Plancks* Konstante multipliziert mit der Frequenz) genau gleich der Energiedifferenz der beiden Zustände ist:

$$h\nu = \Delta E. \qquad (2.3.)$$

Da gemäß Gleichung 2.1. der Energieunterschied der beiden Niveaus von der Stärke des Magnetfeldes abhängt, das die Kerne erfahren, hängt die Frequenz der elektromagnetischen Strahlung, die Übergänge zwischen den beiden Niveaus verursacht, von der Stärke des magnetischen Feldes ab:

$$h\nu \sim H_{Kern}. \qquad (2.4.)$$

Für Protonen in einem Feld von 1,4092 Tesla am Kernort ist die erforderliche Frequenz der elektromagnetischen Strahlung 60 MHz. Dies liegt im Radiofrequenzbereich des elektromagnetischen Spektrums; Strahlung dieser Art wird daher häufig als RF-Feld bezeichnet.

Da nur ein paar Kerne mehr im unteren als im oberen Zustand sind und die Wahrscheinlichkeit für einen Übergang den Besetzungszahlen proportional ist, gibt es ein paar aufwärts gerichtete Übergänge mehr als abwärts gerichtete. Demnach wird die Bestrahlung der Kerne im magnetischen Feld mit einem RF-Feld der richtigen Frequenz eine Nettoenergieabsorption durch die Kerne verursachen. Im Falle der IR- und UV-Spektroskopie wird die Möglichkeit von abwärts gerichteten Übergängen oder Sprüngen gewöhnlich vernachlässigt, weil nur wenige Moleküle in einem anderen als dem Grundzustand sind.

Abb. 2.1. zeigt das Blockschema für ein „Doppelspulen"-NMR-Spektrometer. Die Senderspule induziert das RF-Feld, und die die

Probe umschließende Spule mißt das Ausmaß der Energieabsorption durch die Probe. Die Sweepspule erlaubt die Veränderung des magnetischen Feldes, das auf die Probe einwirkt.

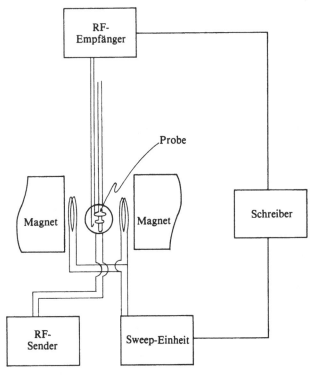

Abb. 2.1. Blockschema eines Doppelspulen-NMR-Spektrometers.

Der Umstand, daß für jede Kernart die Übergangswahrscheinlichkeit im wesentlichen von der strukturellen Umgebung der Kerne unabhängig ist, bedeutet, daß die Bestimmung der relativen Stärke zweier verschiedener Absorptionen ein Maß für die relative Anzahl der Atomkerne ist, die für die verschiedenen Absorptionen verantwortlich sind. Wieder steht dies im Gegensatz zur IR- und UV-Spektroskopie, bei denen die wahre Stärke von Absorptionsbanden beträchtlich differieren kann; z. B. absorbieren Kohlenstoff-Sauerstoff-Doppelbindungen im IR viel stärker als Kohlenstoff-Kohlenstoff-Doppelbindungen.

Deshalb kann die relative Stärke der Carbonylabsorption und der Absorption der Kohlenstoff-Kohlenstoff-Doppelbindung nicht als Maß der relativen Konzentration eines Ketons und eines Alkens in einem Gemisch verwendet werden. Jedoch kann die relative Konzentration der Gemischkomponenten durch die Messung der relativen Stärke ihrer NMR-Absorptionsbanden bestimmt werden; dies stellt eine wichtige Anwendung der NMR-Spektroskopie dar.

2.3. Empfindlichkeit der NMR-Methode

Obwohl es unter den günstigsten Umständen möglich ist, brauchbare NMR-Spektren von Lösungen zu bekommen, die weniger als 1 mg der Probe enthalten, beziehen sich die meisten Routinespektren auf die Benutzung von 25 bis 50 mg der Probe in ungefähr $\frac{1}{2}$ ml des Lösungsmittels. Diese Probenkonzentration ist zwei- bis fünfmal größer als die für ein Routine-IR-Spektrum benötigte und 100 bis 1000mal größer als die für die UV-Spektroskopie benötigte. Daraus kann man ersehen, daß die NMR-Spektroskopie keine besonders empfindliche Analysenmethode ist.

Wenn auch die Empfindlichkeit der NMR-Methode hauptsächlich von der Stärke des Kernmagneten abhängt, wird sie auch von bestimmten experimentellen Variablen beeinflußt. Die wichtigste davon ist die Stärke des äußeren Magnetfeldes H_{ext}, welches das vom Kern erfahrene Magnetfeld H_{Kern} liefert. Da ΔE in Gleichung 2.2. mit wachsendem H_{Kern} zunimmt, wird die Benutzung eines stärkeren Magnetfeldes im NMR-Experiment einen größeren Überschuß von Kernen im unteren Zustand relativ zum oberen verursachen und damit eine größere Nettoenergieabsorption. Obwohl die meisten Protonenresonanzspektrometer ein magnetisches Feld von 1,4092 Tesla verwenden, gibt es Spektrometer, die supraleitende Magnete mit einer Feldstärke von mehr als 5 Tesla benutzen.

Aus Gleichung 2.2. ist noch zu ersehen, daß der Überschuß an Kernen im unteren Zustand auch dadurch vergrößert werden kann, daß man das Experiment bei einer tieferen Temperatur ausführt. Jedoch ist diese Möglichkeit wegen der bei tieferen Temperaturen abnehmenden Löslichkeit und wegen anderer Einflüsse nur von begrenztem Wert.

Während des Prozesses der Energieabsorption werden mehr Kerne aus dem unteren in den oberen Zustand als umgekehrt übergehen; dementsprechend besteht eine Tendenz zur Verringerung des kleinen Überschusses von Kernen im unteren relativ zum oberen Zustand.

Wenn dieser Prozeß zum Abschluß kommt (wenn die Besetzungszahlen von oberem und unterem Zustand gleich geworden sind, wenn – wie man sagt – Sättigung erreicht ist), gibt es nicht länger mehr eine Nettoenergieabsorption, und das NMR-Signal wird verschwinden. Wenn daher die Energieabsorption durch einen Satz von magnetischen Atomkernen länger als nur kurzzeitig aufrechterhalten werden soll, muß es eine Möglichkeit für die Wiederherstellung des ursprünglichen kleinen Überschusses von Kernen im unteren Zustand geben. D. h. es müssen Relaxationsprozesse existieren, durch die Kerne im oberen Zustand Energie verlieren können. Die Relaxationsraten sind für verschiedene Kernarten verschieden, wobei manche eine Halbwertszeit von vielen Sekunden haben. Die Raten können auch verschieden sein für dieselbe Kernart in unterschiedlicher struktureller Umgebung. Wenn die Relaxationsrate klein ist (wenn also die Relaxationszeit groß ist), begrenzt dies den Energiebetrag, der absorbiert werden kann, und verringert so die Empfindlichkeit. Es ist möglich, Relaxationszeiten zu messen; auf diese Weise erhält man Informationen, die wertvolle Schlüsse auf die Molekülstruktur zulassen. Diese Technik ist besonders wertvoll in ^{13}C-NMR-Untersuchungen. Experimentelle Variablen, die die Sättigung und Relaxationsraten beeinflussen, werden in Kap. 9 diskutiert.

Sowohl in der IR- wie auch in der UV-Spektroskopie sind der Molekülüberschuß im unteren Zustand und die Relaxationsraten so groß, daß Sättigung kein Problem darstellt. Die kurzzeitige Energieemission eines Lasers z. B. ist das Ergebnis einer gleichzeitig angeregten Relaxation des Nettoüberschusses von Molekülen oder Atomen in einem angeregten Zustand.

3. Merkmale des NMR-Spektrums

3.1. Die chemische Verschiebung

Wenn eine Substanz, die magnetisch aktive Atomkerne (^{1}H, ^{19}F, ^{31}P usw.) enthält, in ein Magnetfeld gebracht wird, wird Energie absorbiert, wenn die Frequenz der Strahlung eines RF-Feldes der Differenz zwischen den Energieniveaus (Gleichung 2.3.) entspricht. Für jede gegebene Magnetfeldstärke ist die Frequenz des erforderlichen RF-Feldes völlig verschieden für jede Art von magnetisch aktiven Atomkernen, wie in Tab. 2.1. angegeben. Umgekehrt ist für ein RF-Feld einer gegebenen Frequenz die Magnetfeldstärke, die für Energieabsorption (Resonanz) verschiedener Arten von magnetisch aktiven Kernen erforderlich ist, ebenso völlig verschieden. Diese Differenzen sind so groß, daß das NMR-Spektrum irgendeiner Art von magnetisch aktiven Kernen ohne Überlappung durch irgendeinen anderen aufgezeichnet werden kann.

Die große Bedeutung der NMR-Methode für den Chemiker rührt jedoch von dem Umstand her, daß für einen speziellen Typ eines magnetischen Kerns die Stärke des äußeren Magnetfeldes H_{ext}, das für die Erzeugung des Feldes am Kernort H_{Kern} erforderlich ist, in seiner exakt richtigen Größe ein wenig mit der strukturellen Umgebung des Kerns variiert. Diese kleine Veränderung wird chemische Verschiebung genannt. Wir erläutern das Phänomen der chemischen Verschiebung bezüglich der Protonenresonanz, jedoch gilt die Vorstellung in ähnlicher Weise für die NMR-Spektroskopie jedes anderen magnetisch aktiven Kerns.

Wenn eine Substanzprobe*), die Protonen enthält, in ein Magnetfeld gebracht und mit einem 60-MHz-RF-Feld bestrahlt wird, dann wird entsprechend dem NMR-Effekt Energie absorbiert, wenn das Magnetfeld, das einige der Protonen in der Probe erfahren, gleich 1,4092 Tesla ist. In erster Näherung ist das Feld am Kernort H_{Kern} gleich dem äußeren Magnetfeld H_{ext} abzüglich eines sehr kleinen Betrages H_{Absch}, um den das äußere Feld durch den Einfluß der Elektronen in der Umgebung des Protons vermindert ist:

$$H_{Kern} = H_{ext} - H_{Absch}.$$

Der Einfluß der Elektronen in der Umgebung der Protonen besteht immer in der Erzeugung eines kleinen Magnetfeldes, das dem äußeren

---

*) Wie im Abschnitt 8.1. erklärt wird, ist die Probe gewöhnlich eine reine Flüssigkeit oder eine Lösung.

Magnetfeld entgegengesetzt gerichtet ist und so das Feld am Kernort kleiner als das äußere Feld macht: die Elektronen schirmen den Kern ab. Es kommt vor, daß die Elektronenumgebung der Protonen in unterschiedlichen funktionellen Gruppen sich genügend unterscheidet, so daß unterschiedliche Werte von H_{ext} erforderlich sind, um H_{Kern} für Protonen in unterschiedlichen funktionellen Gruppen gleich 1,4092 Tesla zu machen. Dementsprechend wird, wenn die Probe im Magnetfeld H_{ext} mit einem konstanten RF-Feld von genau 60 MHz bestrahlt und H_{ext} langsam vergrößert wird, Energie durch die Probe jedesmal dann absorbiert, wenn H_{Kern} (= H_{ext} − H_{Absch}) gleich 1,4092 Tesla wird. Eine zeichnerische Darstellung der Energieabsorption als Funktion von H_{ext} stellt das NMR-Spektrum dar. Das NMR-Spektrum von

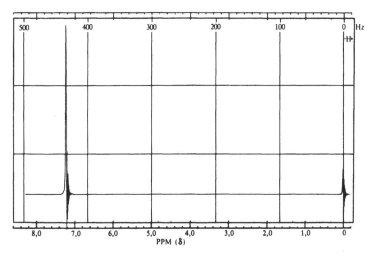

Benzol

Abb. 3.1. Protonenresonanzspektrum von Benzol in CCl_4.

Benzol weist nur eine einzige Energieabsorption auf − eine einzelne Resonanz (Abb. 3.1.) −, während das Spektrum von *p*-Xylol zwei Resonanzen zeigt, eine für die Methylprotonen und eine für die Ringprotonen (Abb. 3.2.). Der Unterschied im externen Feld H_{ext}, der für die Resonanz verschiedener Protonen benötigt wird, wird Differenz $\Delta\delta$ der chemischen Verschiebung genannt. Es ist wichtig, sich daran zu erinnern, daß die Abschirmung und daher der Unterschied der chemischen Verschiebung proportional zur Magnetfeldstärke H_{ext} ist.

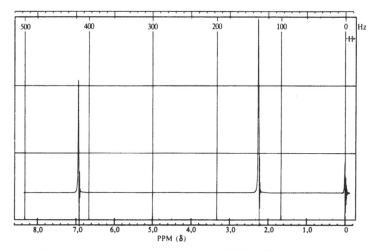

para-Xylol

Abb. 3.2. Protonenresonanzspektrum von *p*-Xylol in CCl_4.

Da es schwierig ist, den absoluten Wert von H_{ext} mit der erforderlichen Genauigkeit von ungefähr 1 Teil in 100 000 000 zu messen, werden die Resonanzen durch ihren Abstand von der Resonanz einer Referenzsubstanz festgelegt, die zur Probe, deren NMR-Spektrum bestimmt werden soll, hinzugefügt und gewöhnlich Standard genannt wird. Für Protonen ist der gewöhnlich benutzte Referenzstandard Tetramethylsilan (TMS). Eine Magnetfeldeinheit von passender Größe für die Beschreibung dieses kleinen Abstands ist ein Millionstel der Stärke des äußeren Feldes: 1 Teil je 1 Million = 1 ppm. Diese *Bruchteil*angabe hat den Vorteil, von der Größe von H_{ext} unabhängig zu

11

sein, obwohl die Abschirmung von der Stärke des äußeren Feldes abhängt. Auf diese Weise ist es möglich, unmittelbar Werte der chemischen Verschiebung miteinander zu vergleichen, die mit Instrumenten gewonnen wurden, die äußere Felder (und daher RF-Felder) verschiedener Größe benutzen. Z. B. benutzt das Instrument A ein äußeres Feld von 1,4092 Tesla und das Instrument B ein doppelt so großes. Obwohl die mit dem Instrument B bestimmte Abschirmung zweimal so groß ist wie die mit dem Instrument A bestimmte, ist sie in jedem Feld derselbe *Bruchteil* des äußeren Feldes.

$$CH_3$$
$$|$$
$$CH_3-Si-CH_3$$
$$|$$
$$CH_3$$

Tetramethylsilan (TMS)

Eine Skala der chemischen Verschiebung, die δ-Skala, benutzt die Lage der Resonanz der stark abgeschirmten TMS-Protonen als Nullpunkt und teilt weniger abgeschirmten Protonen positive Werte zu. Da einige der Meinung waren, daß geringere Abschirmung verbunden sein sollte mit kleinerem Zahlenwert, wurde eine andere Art der Skala, die τ-Skala, vorgeschlagen: $\tau = 10 - \delta$. In dieser Skala hat die Resonanz des Standards TMS den Wert 10, und weniger abgeschirmte Protonen haben kleinere positive Werte bis herunter zu 0. Beide Skalen werden benutzt, aber die Größe der Einheit ist in beiden Fällen dieselbe -1 ppm des äußeren Feldes. (Obwohl H_{ext} im Verlaufe des Experiments sich verändert, ist die gesamte Veränderung ungefähr 10 ppm (0,001%) und kann für die Zwecke der Bestimmung der Einheitsgröße der chemischen Verschiebung vernachlässigt werden.)

Obgleich das NMR-Experiment in der gerade beschriebenen Art von einem konstanten Wert für die Frequenz des RF-Feldes und einem veränderlichen äußeren Magnetfeld H_{ext} ausgeht, kann das Experiment auch in anderer Weise ausgeführt werden. In diesem Fall wird H_{ext} konstant gehalten und die Frequenz des RF-Feldes so verändert, daß Gruppen von Kernen, die unterschiedliche Felder am Kernort erfahren — nämlich $H_{ext} - H_{Absch}$ —, wiederum einem RF-Feld mit richtiger Frequenz unterworfen sind, um Energieabsorption zu verursachen. Das NMR-Spektrum ist so die Aufzeichnung der Energieabsorption als Funktion der Frequenz der elektromagnetischen Strahlung, in Analogie zur IR- und UV-Spektroskopie. Die resultierende Aufzeichnung der Energieabsorption als Funktion der RF-Frequenz (bei konstantem H_{ext}) wird genau so aussehen wie die Aufzeichnung der Ener-

12

gieabsorption als Funktion von H_{ext} (bei konstanter Frequenz des RF-Feldes). Aus dieser zweiten Möglichkeit zur Durchführung des NMR-Experiments kann man erkennen, daß die chemische Verschiebung auch als Bruchteil der RF-Frequenz unter Benutzung der Einheit ppm dargestellt werden kann; 1 ppm von 60 MHz ist 60 Hz. Die Benutzung von Frequenzeinheiten wie dieser ist nützlich beim Vergleich von Unterschieden der chemischen Verschiebung $\Delta\delta$ mit Kopplungskonstanten J, die in Hz angegeben werden. Abb. 3.3. zeigt für Protonen die Beziehungen zwischen den drei Skalen der chemischen Verschiebung.

$$H_{ext} \quad \rightarrow$$
$$\text{Frequenz} \quad \leftarrow$$
$$\text{Abschirmung} \quad \rightarrow$$

11	10	9	8	7	6	5	4	3	2	1	0	−1	δ
−1	0	1	2	3	4	5	6	7	8	9	10	11	τ
330	300	270	240	210	180	150	120	90	60	30	0	−30	Hz[a]
660	300	540	480	420	360	300	240	180	120	60	0	−60	Hz[b]
1100	1000	900	800	700	600	500	400	300	200	100	0	−100	Hz[c]

[a]30 MHz Instrument
[b]60 MHz Instrument
[c]100 MHz Instrument

↑
Lage der TMS-Resonanz

Abb. 3.3. Einheiten der chemischen Verschiebung.

Aus einer großen Anzahl von NMR-Spektren von Verbindungen mit bekannter Struktur hat sich ergeben, daß die Lage der Resonanz eines magnetisch aktiven Kerns, bezogen auf einen Referenzstandard, sich in einer Weise ändert, die von der strukturellen Umgebung des Kerns abhängt. Z. B. haben die Protonen einer CH_3-Gruppe, die an ein gesättigtes Kohlenstoffatom gebunden ist, die chemische Verschiebung von etwa $\delta = 0,9$ bis 1,1 und die Protonen einer CH_3-Gruppe, gebunden an ein Sauerstoffatom, die chemische Verschiebung $\delta = 3,2$ bis 3,4. Der Gesamtbereich der chemischen Verschiebung von Protonen ist ungefähr 20 ppm.

Ein gutes Beispiel für die Möglichkeit, in einem günstigen Fall die zu erwartende chemische Verschiebung vorauszuberechnen, findet sich bei Verbindungen des Typs $X - CH_2 - Y$. Tab. 3.1. gibt „effektive Abschirmungskonstanten" für verschiedene X und Y an, die zu 0,23 addiert, die zu erwartende chemische Verschiebung für die Methylenprotonen in der δ-Skala ergeben. Z. B. sollte Benzylbromid ($C_6H_5 - CH_2 - Br$) ein Signal für die Methylenprotonen bei $\delta = 0,23 + 1,85 + 2,33 = 4,41$ zeigen; der beobachtete Wert ist $\delta = 4,3$. Man ersieht aus Tab. 3.1., daß die Abschirmung um so größer ist, je größer die Elektronen-abziehende Kraft der Substituenten ist. Das stimmt mit der Vorstellung überein, daß die Abschirmung auf die Elektronendichte um den magnetisch aktiven Kern zurückzuführen ist. (Die Abhängigkeit der chemischen Verschiebung von Protonen von der Molekülstruktur wird im Abschnitt 7.1. im einzelnen behandelt werden.)

Tab. 3.1. Abschirmungskonstanten von Verbindungen des Typs $X - CH_2 - Y$

X oder Y	Abschirmungs-konstante
$-CH_3$	0,47
$-C = C -$	1,32
$\underset{\|\|}{\overset{O}{-}} C - O -$	1,55
$\underset{\|\|}{\overset{O}{-}} C - R$	1,70
$- I$	1,82
$- C_6H_5$	1,85
$- Br$	2,33
$- OR$	2,36
$- Cl$	2,53
$- OH$	2,56
$- O - \underset{\|\|}{\overset{O}{C}} -$	3,23
$- O - C_6H_5$	3,23

Die chemische Verschiebung der $- CH_2$-Protonen in Verbindungen des Typs $X - CH_2 - Y$ kann angenähert durch Addition der Abschirmungskonstanten von X und Y zu 0,23 bestimmt werden. Die Summe ergibt die chemische Verschiebung der $- CH_2$-Protonen in der δ-Skala.

3.2. Das Integral

Da das Ausmaß, bis zu dem Energie durch einen bestimmten Typ eines magnetisch aktiven Kerns absorbiert wird, unabhängig von der strukturellen Umgebung ist, ist die Fläche, das Integral, eines Absorptionssignals proportional zur Zahl der für die Absorption verantwortlichen Kerne. Die Fläche wird gewöhnlich auf elektronische Weise mit dem NMR-Spektrometer in einer gesonderten Operation nach dem Absorptionsspektrum bestimmt. Der vertikale Ausschlag dieses zweiten Schriebs ist proportional zur Fläche unter dem zugehörigen Signal. Abb. 3.4. zeigt das NMR-Spektrum von *p*-Xylol und sein Integral. Man erkennt, daß die Fläche der Resonanz der Ringprotonen zwei Drittel der Fläche der Methylprotonen ist. Das Integral liefert uns so Auskunft über die relative Zahl der Kerne, für die Resonanz bei unterschiedlichen chemischen Verschiebungen eintritt.

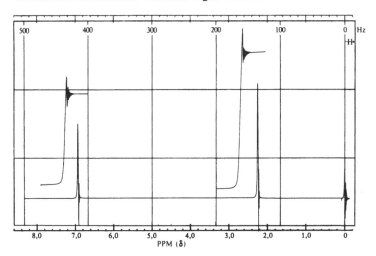

Abb. 3.4. Protonenresonanzspektrum und Integral von *p*-Xylol in CCl_4.

Im Falle des NMR-Spektrums einer reinen Verbindung ist es möglich, die Gesamtzahl der magnetisch aktiven Kerne einer bestimmten Art in einem Molekül aus dem Integral abzuschätzen. Wenn z. B. in einem Protonenresonanzspektrum das Integral des ganzen Spektrums viermal das Integral einer Resonanz ist, von der wir annehmen, daß sie zu einer Methylgruppe gehört, dann muß die Gesamtzahl der Protonen viermal die Protonenzahl in einer Methylgruppe sein, d. h. zwölf.

Wenn das NMR-Spektrum zu einer Mischung gehört, ist es möglich, die Zusammensetzung der Mischung aus dem NMR-Spektrum abzuschätzen. Um ein einfaches Beispiel zu wählen, nehmen wir an, daß wir eine Mischung von zwei Substanzen haben, von denen jede eine Methylgruppe enthält, und daß die Methylresonanzen bei verschiedenen chemischen Verschiebungen auftreten. Das Verhältnis der Integrale der beiden Methylgruppensignale im Protonenresonanzspektrum ist gleich dem molaren Verhältnis der beiden Mischungskomponenten.

15

Mit einiger Sorgfalt kann dieses Verhältnis auf ± 1% genau bestimmt werden.

3.3. Die Linienaufspaltung

Wir haben bisher gesehen, daß erwartungsgemäß Protonen in unterschiedlicher molekularer Umgebung Resonanz bei unterschiedlicher chemischer Verschiebung ergeben. Wir haben weiter gesehen, daß das Integral jeder Resonanz proportional zur Zahl der für jede Resonanz verantwortlichen Protonen ist. Wir werden jetzt sehen, daß es ein weiteres Merkmal des NMR-Spektrums gibt, das Auskunft bezüglich der strukturellen und geometrischen Beziehungen zwischen den verschiedenen magnetisch aktiven Kernen in einem Molekül liefern kann. Das Protonenresonanzspektrum von 1,1,2,2-Tetrachloräthan wird in Abb. 3.5. gezeigt. Der Umstand, daß das Spektrum aus einer einzigen Resonanz besteht (einem Singulett), ist mit unserer Annahme zu vereinbaren, daß in diesem Molekül die beiden Protonen sich in derselben molekularen Umgebung befinden.

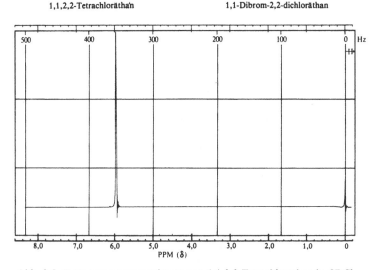

1,1,2,2-Tetrachloräthan

1,1-Dibrom-2,2-dichloräthan

Abb. 3.5. Protonenresonanzspektrum von 1,1,2,2-Tetrachloräthan in CDCl$_3$.

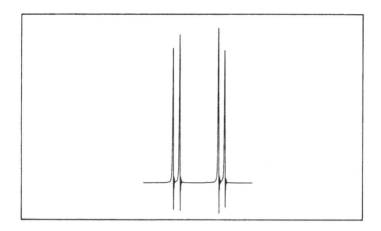

Abb. 3.6. Protonenresonanzspektrum von 1,1-Dibrom-2,2-dichloräthan. (Da ein authentisches Spektrum von 1,1-Dibrom-2,2-dichloräthan nicht verfügbar war, wurde ein simuliertes Spektrum verwendet).

Abb. 3.6. zeigt das Protonenresonanzspektrum von 1,1-Dibrom-2,2-dichloräthan. Nach unseren bisherigen Ausführungen sollte man erwarten, daß das Spektrum dieser Verbindung aus zwei Singuletts besteht, eines für jedes der beiden strukturell verschiedenen Protonen. Das Spektrum weist aber tatsächlich vier Linien auf, zwei für jedes Proton. Die Resonanz jedes Protons wird durch seinen bei unterschiedlicher chemischer Verschiebung liegenden Nachbar in ein Dublett aufgespalten.

Dieses Beispiel von Aufspaltung kann durch ein sehr einfaches Modell erklärt werden. Wie im Abschnitt 2.1. festgestellt wurde, hat jedes spezielle Proton in einem Magnetfeld eine fast gleiche Chance, entweder im unteren oder im oberen Energiezustand bezüglich des Spins zu sein, m. a. W. entweder parallel oder entgegengesetzt zum äußeren Magnetfeld ausgerichtet zu sein. Entsprechend diesem Modell kann man annehmen, daß für die eine Hälfte der Moleküle das Proton X in Feldrichtung ausgerichtet ist ($\uparrow$), für die andere Hälfte entgegengesetzt ($\downarrow$). Der Umstand, daß das Proton X bezüglich des äußeren Feldes orientiert ist, bringt das Proton A dieser Moleküle bei einem ein wenig kleineren Wert von H_{ext} zur Resonanz. Das rührt daher, daß das in Feldrichtung orientierte Proton das wirksame Feld für seinen Nachbarn, das Proton A, erhöht. Diese Auswirkung des benachbarten Protons kann durch Gleichung 3.1. ausgedrückt werden:

$$H_{Kern} = H_{ext} - H_{Absch} + H_{Kopp},\qquad(3.1.)$$

worin H_{Kopp} positiv zu nehmen ist. Auf diese Weise erfolgt die H_A-Resonanz für die eine Hälfte der Moleküle bei einem ein wenig tieferen Feld (kleinerem H_{ext}), als ohne diese Kopplung zu erwarten ist. Für die andere Molekülhälfte sind die X-Protonen dem Feld entgegengesetzt ausgerichtet. Diese Moleküle erfahren dann ihre H_A-Resonanz bei einem etwas größeren Wert von H_{ext}, als ohne diese Kopplung zu erwarten ist. In diesen Molekülen wird die Wirkung des äußeren Magnetfeldes durch die benachbarten X-Protonen vermindert: der Term H_{Kopp} in Gleichung 3.1. ist negativ.

Die Aufspaltung der X-Resonanz durch die Kopplung mit dem benachbarten Proton A ist in gleicher Weise zu deuten. Für diejenige Hälfte der Moleküle, für die das Proton A in Richtung von H_{ext} ausgerichtet ist, geschieht die Resonanz des Protons X bei einem etwas geringeren Wert von H_{ext} als ohne diese Kopplung. Für die Molekülhälfte, für die das Proton A entgegen dem äußeren Feld H_{ext} ausgerichtet ist, tritt die Resonanz des Protons X bei einem ein wenig höheren Wert von H_{ext} ein, als wenn es keine Wechselwirkung gäbe. In diesem Beispiel wie in den meisten Fällen, in denen die koppelnden Protonen sich an benachbarten Kohlenstoffatomen befinden, die durch eine frei drehbare Einfachbindung miteinander verknüpft sind, ist die Größe des Effekts, die Aufspaltung, ungefähr 7 Hz. Die gewöhnlich benutzte Schreibweise ist $J = 7$ Hz, und man nennt J die Kopplungskonstante.

Die Stärke der Wechselwirkung zwischen magnetisch aktiven Atomkernen ist unabhängig von der Stärke des äußeren Magnetfeldes. Das steht im Gegensatz zur Abschirmung und zu den Differenzen der chemischen Verschiebung ($\Delta\delta$), die proportional zur Größe von H_{ext} sind. Ein Beispiel mag zur Erläuterung dienen. Angenommen, das NMR-Spektrum einer Substanz, aufgenommen mit einem 60-MHz-Instrument, zeige einen Unterschied der chemischen Verschiebung $\Delta\delta$ von 1 ppm (in unserem Falle gleich 60 Hz) und eine Kopplungskonstante J von 7 Hz. Man hat dann zu erwarten, daß das Spektrum derselben Substanz, aufgenommen mit einem 100-MHz-Instrument, eine Differenz der chemischen Verschiebung $\Delta\delta$ wieder von 1 ppm (nunmehr aber gleich 100 Hz), jedoch noch immer eine Kopplungskonstante $J = 7$ Hz zeigt. Also kann der Linienabstand, der von einer Kopplung herrührt, unterschieden werden von dem, der von Unterschieden in der chemischen Verschiebung herkommt, indem man das Spektrum bei zwei verschiedenen äußeren Feldern aufnimmt. Die Aufspaltung durch Kopplung ist gegenüber Feldänderungen invariant, während diejenige durch Differenzen in den chemischen Verschiebungen proportional zur Stärke des äußeren Feldes ist.

Es ist wichtig, sich daran zu erinnern, daß bei dieser Deutung die Multiplizität einer bestimmten Resonanz (das Aufspaltungsbild) als Folge der Wirkungen von benachbarten magnetisch aktiven Kernen interpretiert wird. Diese magnetisch aktiven Nachbarn sind gewöhnlich Protonen, aber es kann sich um jede Atomkernart mit einem magnetischen Moment handeln, z. B. um ^{19}F, ^{13}C oder ^{31}P.

In den nächsten drei Kapiteln werden wir mit mehr Einzelheiten die Deutung und Vorhersage von experimentell beobachtbaren Aufspaltungsbildern durch die Kopplung zwischen magnetisch aktiven Atomkernen betrachten.

Aufgaben zu 3.

3.1. **Welche der folgenden Verbindungen sollte nur eine einzige Linie im Protonenresonanzspektrum zeigen?**

a) Aceton $\quad CH_3 - \overset{\overset{\displaystyle O}{\|}}{C} - CH_3$

b) Dimethyläther $\quad CH_3 - O - CH_3$

c) Methylacetat $\quad CH_3 - \overset{\overset{\displaystyle O}{\|}}{C} - O - CH_3$

d) Methyljodid $\quad CH_3I$

e) Dibrommethan $\quad Br - CH_2 - Br$

f) Chlorbrommethan $\quad Cl - CH_2 - Br$

g) 1,2-Dibromäthan $\quad Br - CH_2CH_2 - Br$

h) 1-Chlor-2-bromäthan $\quad Cl - CH_2CH_2 - Br$

3.2. **Welches der folgenden Strukturisomeren sollte nur eine einzige Linie im NMR-Spektrum zeigen?**

a) $CH_3 - CCl_3 \quad$ oder $\quad CH_2Cl - CHCl_2$

b) 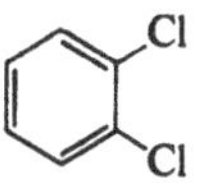 oder

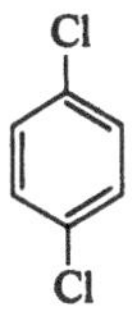

c) 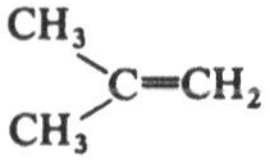 $\overset{CH_3}{\underset{CH_3}{>}}C=CH_2$ oder $\overset{CH_2-CH_2}{\underset{CH_2-CH_2}{|\qquad|}}$

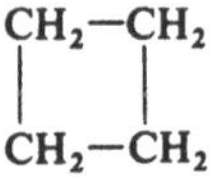

d) $Cl-CH_2CH_2-Cl$ oder $CH_3-\overset{Cl}{\underset{Cl}{\overset{|}{C}}}-H$

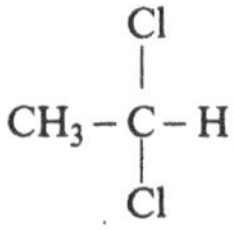

e) $H_2C=C=CH_2$ oder $CH_3-C\equiv C-H$

3.3. **Welches Isomere der angegebenen Bruttoformeln wird nur eine einzige Linie im NMR-Spektrum zeigen?**

a) C_5H_{12}	b) C_5H_{10}	c) C_5H_8
d) C_4H_8	e) C_4H_6	f) C_4H_4
g) C_4H_2	h) C_2H_6O	i) C_2H_4O
j) C_2H_2O	k) $C_3H_6Cl_2$	l) $C_3H_4Cl_4$
m) $C_3H_4Cl_2$	n) $C_3H_3Cl_3$	o) $C_4H_8O_2$

3.4. **Welche Isomeren in jeder Verbindungsklasse zeigen nur ein Singulett im NMR-Spektrum?**

a) Isomere Butylchloride

b) Isomere Dichlorbenzole

c) Isomere Trichlorbenzole

d) Isomere Trichlorcyclopropane

e) Isomere Tetrachlorcyclobutane

3.5. **Berechne die zu erwartende chemische Verschiebung für das Methylen-gruppensignal der folgenden Verbindungen:**

a) Bromchlormethan $Br-CH_2-Cl$

b) Malonsäuredimethylester $CH_3-O-\overset{O}{\overset{\|}{C}}-CH_2-\overset{O}{\overset{\|}{C}}-O-CH_3$

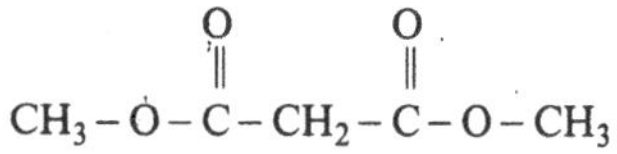

c) Diacetylmethan $CH_3-\overset{O}{\overset{\|}{C}}-O-CH_2-O-\overset{O}{\overset{\|}{C}}-CH_3$

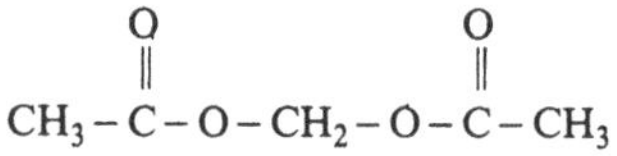

d) Dimethoxymethan $CH_3-O-CH_2-O-CH_3$

e) Piperonal

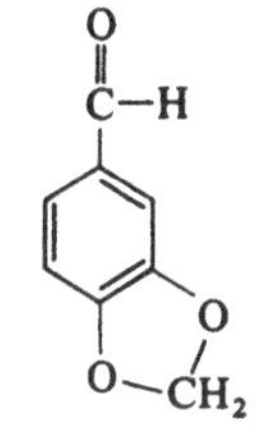

$$\underset{\underset{\displaystyle O-CH_2}{\big|}}{\overset{\overset{\displaystyle O}{\|}}{\underset{}{C-H}}}$$

3.6. Wieviel Hz entspricht 1 ppm bei einem NMR-Spektrometer der angegebenen Frequenz?

a) 30 MHz   b) 100 MHz

3.7. Wieviel Tesla entspricht 1 ppm bei einem Protonenresonanzspektrometer der angegebenen Frequenz?

a) 30 MHz   b) 100 MHz

3.8. Die Energiedifferenz ΔE zwischen zwei Kernspinzuständen ist proportional zur Magnetfeldstärke, die der Kern erfährt. Welcher Empfindlichkeitsgewinn kann erzielt werden, wenn man statt eines 60-MHz- ein 300-MHz-Instrument benutzt? (Siehe Gleichungen 2.1. und 2.2.; die Empfindlichkeit ist proportional zum relativen Überschuß der Kerne im Grundzustand.)

3.9. Wie weit (in ppm) ist gemäß Tab. 2.1. eine typische ^{19}F-Resonanz von einer typischen ^{1}H-Resonanz entfernt?

3.10. Das Protonenresonanzspektrum jeder der folgenden Verbindungen besteht aus 2 Signalen (Singuletts). Sage die relative Intensität der beiden Linien voraus!

a) Methylacetat $\quad CH_3-\overset{\overset{\displaystyle O}{\|}}{C}-O-CH_3$

b) Methoxyacetonitril $\quad CH_3-O-CH_2-C\equiv N$

c) Malonsäuredimethylester $\quad CH_3-O-\overset{\overset{\displaystyle O}{\|}}{C}-CH_2-\overset{\overset{\displaystyle O}{\|}}{C}-O-CH_3$

d) 1,2-Dimethoxyäthan $\quad CH_3-O-CH_2CH_2-O-CH_3$

e) p-Dimethoxybenzol

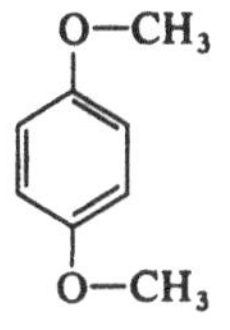

4. Aufspaltung 1. Ordnung: Die $(N + 1)$-Regel

In Kap. 3 haben wir die drei charakteristischen Merkmale von NMR-Spektren, die Information über die Probe liefern können, kurz besprochen: die chemische Verschiebung, das Integral und die Linienaufspaltung. In diesem Kapitel werden wir das Modell für die Deutung der Aufspaltungsbilder, das im vorigen Abschnitt eingeführt worden ist, weiter entwickeln.

4.1. Ein isolierter Satz von Atomkernen: A_n-Systeme

Wenn alle magnetisch aktiven Kerne in einem Molekül genau dieselbe chemische Verschiebung haben, erscheint ihre Resonanz als einfache Linie, als Singulett. Wir haben dafür schon zwei Beispiele gesehen: Benzol (Abb. 3.1.) und 1,1,2,2-Tetrachloräthan (Abb. 3.5.). Wenn auch die Aufspaltung der Resonanz von 1,1-Dibrom-2,2-dichloräthan durch die Kopplung zwischen den beiden Protonen deutbar war, ersieht man aus dem Spektrum von 1,1,2,2-Tetrachloräthan, daß eine solche Kopplung sich nicht als Aufspaltung manifestiert, wenn alle Kerne dieselbe chemische Verschiebung haben. Die Lage ist bei Benzol ähnlich. Obwohl wir später die Spektren einiger Benzolderivate durch die Kopplung zwischen den Ringprotonen deuten werden, scheint im Falle des Benzols selbst eine solche Kopplung keine Aufspaltung zu erzeugen. Der Grund dafür ist, daß alle sechs Ringprotonen dieselbe chemische Verschiebung haben.

Dieser Auffassung entsprechend erwarten wir, daß die Spektren von Methyljodid, 1,1,1-Trichloräthan und 1,2-Dichloräthan jedes aus einem Singulett bestehen, weil in jedem Molekül alle Protonen genau dieselbe chemische Verschiebung haben. Die Spektren dieser Moleküle, wiedergegeben in Abb. 4.1. bis 4.3., bestätigen diese Erwartung.

Methyljodid

1,1,1-Trichloräthan

1,2-Dichloräthan

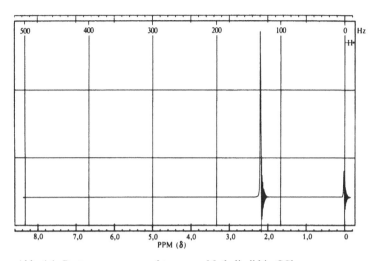

Abb. 4.1. Protonenresonanzspektrum von Methyljodid in CCl_4.

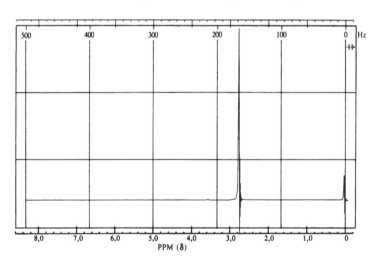

Abb. 4.2. Protonenresonanzspektrum von 1,1,1-Trichloräthan in CCl_4.

Auch wenn nicht alle Protonen in einem Molekül dieselbe chemische Verschiebung aufweisen, ist es manchmal möglich, sie in Gruppen oder Sätzen zusammenzufassen, die genügend voneinander isoliert sind, so daß sie als voneinander unabhängig angesehen werden können. Z. B. zeigt das Protonenresonanzspektrum von Methylacetat (Abb. 4.4.) zwei Singuletts.

Methylacetat

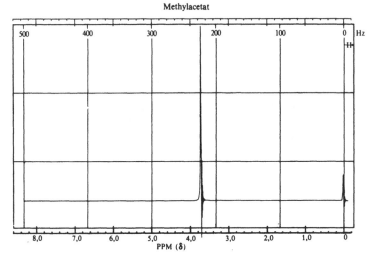

Abb. 4.3. Protonenresonanzspektrum von 1,2-Dichloräthan in CCl$_4$.

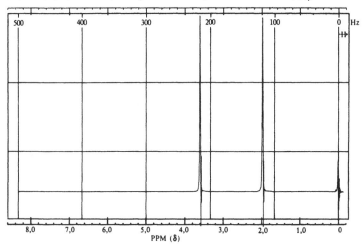

Abb. 4.4. Protonenresonanzspektrum von Methylacetat in CCl$_4$.

24

Offensichtlich ist die Kopplung zwischen den Protonen der beiden Sätze – die Kopplung *zwischen* Atomkernsätzen – praktisch Null, und deshalb können die beiden Sätze von je drei Protonen getrennt betrachtet werden. Jeder Drei-Protonen-Satz ergibt ein Singulett, weil innerhalb eines jeden Satzes alle Protonen dieselbe chemische Verschiebung haben. Jede Kopplung zwischen Protonen innerhalb eines Satzes – die Kopplung *in* einem Atomkernsatz – äußert sich nicht als Aufspaltung.

Das Spektrum von *para*-Xylol (Abb. 3.2.) kann in ähnlicher Weise gedeutet werden. Jede Methylgruppe bildet für sich einen unabhängigen Drei-Protonen-Satz, und die vier Ringprotonen bilden einen dritten unabhängigen Satz. Infolge der Molekülsymmetrie haben die beiden Methylgruppen genau dieselbe chemische Verschiebung und erscheinen daher als einfache Linie mit der relativen Fläche 6; die Ringprotonen treten als ein Singulett mit der relativen Fläche 4 auf.

para-Xylol

In bezug auf eine oft benutzte Schreibweise für Sätze von koppelnden magnetisch aktiven Atomkernen können die in diesem Abschnitt besprochenen Beispiele alle als A_n-Systeme beschrieben werden, wobei n die Anzahl der magnetisch aktiven Kerne in dem Satz A mit derselben chemischen Verschiebung ist. So können 1,1,2,2-Tetrachloräthan als A_2-System, Methyljodid und 1,1,1-Trichloräthan als A_3-Systeme, 1,2-Dichloräthan als A_4-System und Benzol als A_6-System bezeichnet werden. Methylacetat besteht nach dieser Benennung aus zwei A_3-Systemen mit unterschiedlicher chemischer Verschiebung, *p*-Xylol aus zwei A_3-Systemen mit derselben chemischen Verschiebung und einem A_4-System mit einer davon verschiedenen chemischen Verschiebung. Die Resonanz eines A_n-Systems ist immer ein Singulett, unabhängig von einer etwaigen Kopplung zwischen den n Mitgliedern innerhalb des Satzes.

Andere Moleküle, die Beispiele für ein oder mehrere A_n-Spinsysteme liefern und deren Protonenresonanzspektrum aus einem Singulett bestehen, sind *p*-Dichlorbenzol (A_4), Äthan (A_6), Cyclohexan (A_{12}), Aceton (zwei A_3-Systeme), Dioxan (zwei A_4-Systeme), *tert*-Butylbromid (drei A_3-Systeme) und Tetramethylsilan (vier A_3-Systeme).

p-Dichlorbenzol   Äthan   Cyclohexan

$$CH_3\!-\!\overset{\displaystyle O}{\overset{\|}{C}}\!-\!CH_3 \qquad\qquad CH_3\!-\!\overset{\displaystyle Br}{\underset{\displaystyle CH_3}{\overset{|}{\underset{|}{C}}}}\!-\!CH_3 \qquad CH_3\!-\!\overset{\displaystyle CH_3}{\underset{\displaystyle CH_3}{\overset{|}{\underset{|}{Si}}}}\!-\!CH_3$$

Aceton   Dioxan   *tert*-Butylbromid   Tetramethylsilan (TMS)

Damit Sätze von Protonen voneinander unabhängig sind, müssen sie durch vier oder mehr Einfachbindungen getrennt sein. So hat man zu erwarten, daß Protonen entweder an demselben oder an benachbarten Atomen miteinander koppeln, daß aber Protonen an Atomen, die durch ein drittes Atom getrennt sind, nicht miteinander koppeln:

$$H-C-H \qquad \text{Kopplung} > 0,$$
$$H-C-C-H \qquad \text{Kopplung} > 0,$$
$$H-C-C-C-H \qquad \text{Kopplung} \approx 0.$$

Mehrfachbindungen scheinen bessere „Leiter" für die Kopplung zu sein als Einfachbindungen. Die Beziehungen zwischen der Kopplungsstärke und der Molekülstruktur werden mit mehr Einzelheiten in Kap. 7. betrachtet werden.

4.2. Zwei koppelnde Sätze von Atomkernen: $A_n X_m$-Systeme

Wenn zwei Sätze magnetisch aktiver Kerne, jeder mit einer verschiedenen chemischen Verschiebung, nicht genügend voneinander isoliert sind, erscheinen ihre Resonanzen als Vielfachlinien − als Multipletts − anstatt als Singuletts. Der Abstand zwischen den Linien des Multipletts wird bestimmt durch die Stärke der Kopplung zwischen den Kernen der beiden Sätze, die Kopplung *zwischen* Atomkernsätzen. Der Fall von 1,1-Dibrom-2,2-dichloräthan, im Abschnitt 3.1. beschrieben, ist ein Beispiel dafür. Offensichtlich sind das A-Proton und das X-Proton nicht genügend weit voneinander getrennt, so daß sie nicht als isoliert angesehen werden können, da die Resonanz von jedem (Abb. 3.6.) als ein Dublett erscheint. Der Abstand zwischen den Linien eines jeden Dubletts, 7 Hz, gibt die Stärke der Kopplung zwischen den beiden Protonen an. In diesem Fall ist die Kopplungskonstante zwischen den Sätzen, J_{AX}, gleich 7 Hz. In Abschnitt 3.3. war das Auftreten jeder Resonanz als ein 1:1-Liniendublett dadurch gedeutet worden, daß das Proton des einen Satzes die Magnetfeldstärke am Orte des Protons des anderen Satzes entweder vergrößert oder verkleinert.

$$H_A{-}\underset{\underset{Br}{|}}{\overset{\overset{Br}{|}}{C}}{-}\underset{\underset{Cl}{|}}{\overset{\overset{Cl}{|}}{C}}{-}H_X$$

1,1-Dibrom-2,2-dichloräthan

Das Molekül 1,1,2-Trichloräthan ist ein anderer Fall, in dem Protonen mit verschiedener chemischer Verschiebung, das A-Proton und die X-Protonen, nicht voneinander isoliert betrachtet werden können. Wie in Abb. 4.5. gezeigt, erscheint die Resonanz des A-Protons als ein 1:2:1-Triplett und die der X-Protonen als 1:1-Dublett. Die Gesamtfläche des Dubletts ist zweimal so groß wie die des Tripletts. Die Resonanz des A-Protons ist in ein 1:2:1-Triplett infolge der Kopplung mit

$$H_A{-}\underset{\underset{Cl}{|}}{\overset{\overset{Cl}{|}}{C}}{-}\underset{\underset{H_X}{|}}{\overset{\overset{H_X}{|}}{C}}{-}Cl$$

1,1,2-Trichloräthan

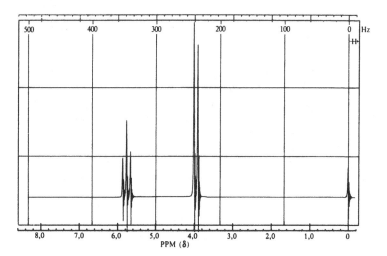

Abb. 4.5. Protonenresonanzspektrum von 1,1,2-Trichloräthan in CCl₄.

27

den beiden benachbarten X-Protonen (mit anderer chemischer Verschiebung) aufgespalten, und die Resonanz der X-Protonen ist in ein 1:1-Dublett wegen der Kopplung mit dem einen benachbarten Proton A aufgespalten. Der Abstand der Linien in jedem Multiplett ist ungefähr 7 Hz, was bedeutet, daß die Kopplungskonstante für die Wechselwirkung der beiden Sätze, J_{AX}, gleich 7 Hz ist.

Das Aufspaltungsbild dieses Beispiels kann auch vom Standpunkt des in Abschnitt 3.3. vorgestellten Modells gedeutet werden. Die Resonanz der X-Protonen erscheint als zwei gleich starke Linien (ein 1:1-Dublett), weil für die Hälfte der Moleküle H_A in Richtung des äußeren Magnetfeldes orientiert ist (↑) und daher dieses vermehrt; in der anderen Hälfte der Moleküle ist H_A entgegen dem äußeren Feld orientiert (↓) und vermindert dieses daher. Die X-Protonen der einen Molekülhälfte absorbieren RF-Energie bei einem geringeren Wert von H_{ext}, und die andere Molekülhälfte absorbiert bei einem höheren Wert von H_{ext}.

Die Resonanz des Protons A erscheint als ein Triplett mit gleichem Abstand der Linien voneinander und einem relativen Intensitätsverhältnis 1:2:1. Der Grund dafür ist, daß für ein Viertel der Moleküle die benachbarten X-Protonen beide in Richtung des äußeren Feldes orientiert sind (↑↑); für eine Hälfte der Moleküle ist eins der benachbarten X-Protonen in und eins entgegen dem äußeren Feld orientiert (↑↓ und ↓↑), und für das letzte Viertel der Moleküle sind die benachbarten Protonen beide entgegen dem äußeren Feld orientiert (↓↓). Demzufolge absorbiert das A-Proton von einem Viertel der Moleküle RF-Energie bei einem etwas niedrigeren Wert von H_{ext} als bei Abwesenheit der X-Protonen; das A-Proton einer Molekülhälfte absorbiert Energie bei demselben Wert von H_{ext} wie bei Abwesenheit der X-Protonen, weil für diese Moleküle die X-Protonen ihre Wirkung gegenseitig aufheben; das A-Proton vom letzten Viertel der Moleküle absorbiert RF-Energie bei einem etwas höheren Wert von H_{ext} als bei Abwesenheit der X-Protonen.

Man achte darauf, daß die mögliche Kopplung innerhalb eines Atomkernsatzes, Kopplungskonstante J_{XX}, bei dieser Deutung überhaupt nicht erwähnt wird; das Aufspaltungsbild wird *ganz allein* durch die Kopplung *zwischen* verschiedenen Sätzen, Kopplungskonstante J_{AX}, beherrscht.

Die Protonen von 1,1,2-Trichloräthan können als ein AX_2-Spinsystem beschrieben werden. Diese Schreibweise drückt aus, daß es einen magnetisch aktiven Kern A mit einer bestimmten chemischen Verschiebung und zwei magnetisch aktive Kerne X mit einer davon sehr verschiedenen chemischen Verschiebung gibt. Zusätzlich schließt dies mit ein, daß die beiden möglichen Kopplungskonstanten J_{AX} miteinander identisch sind. Diese letzte Bedingung wollen wir mit dem Ausdruck „magnetische Äquivalenz" bezeichnen.

Ein anderes Beispiel eines AX_2-(oder A_2X-)Spinsystems ist das Molekül 1,1,2,3,3-Pentachlorpropan. Für dieses Molekül zeigt das Protonenresonanzspektrum (Abb. 4.6.) ein 1:1-Dublett für die beiden X-Protonen und ein 1:2:1-Triplett für das A-Proton. Die Gesamtfläche des Dubletts ist doppelt so groß wie die des Tripletts. Die Deutung des Spektrums dieser Verbindung entspricht genau der für das Spektrum von 1,1,2-Trichloräthan.

$$
\begin{array}{c}
\text{Cl} \quad \text{H}_A \quad \text{Cl} \\
| \qquad | \qquad | \\
\text{H}_x-\text{C}-\text{C}-\text{C}-\text{H}_x \\
| \qquad | \qquad | \\
\text{Cl} \quad \text{Cl} \quad \text{Cl}
\end{array}
$$

1,1,2,3,3-Pentachlorpropan

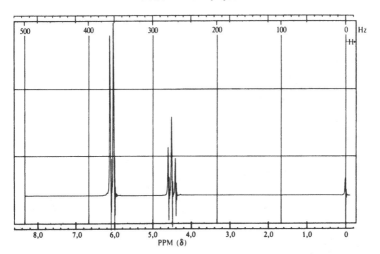

Abb. 4.6. Protonenresonanzspektrum von 1,1,2,3,3-Pentachlorpropan in CCl_4.

Das Protonenresonanzspektrum von 1,2-Dichloräthan besteht nach Abb. 3.4. aus einem Singulett. Das NMR-Spektrum des strukturell isomeren 1,1-Dichloräthans weist ein 1:1-Dublett und ein 1:3:3:1-Quartett auf (Abb. 4.7.). Die Resonanz der Methylprotonen (X-

Protonen) erscheint als ein 1:1-Dublett mit der relativen Intensität 3 wegen der Kopplung mit dem A-Proton. Die Resonanz des A-Protons erscheint als ein 1:3:3:1-Quartett mit der relativen Intensität 1 infolge der Kopplung mit den drei X-Protonen.

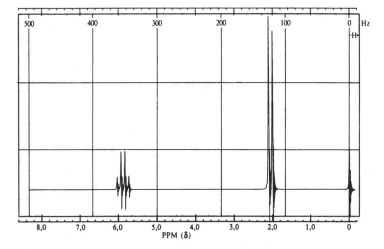

1,1-Dichloräthan

Abb. 4.7. Protonenresonanzspektrum von 1,1-Dichloräthan in CCl$_4$.

Die Resonanz des A-Protons erscheint als ein 1:3:3:1-Quartett, weil die drei benachbarten X-Protonen bezüglich des äußeren Feldes entweder alle drei parallel (↑↑↑, ein Achtel aller Moleküle) oder zwei parallel, eins antiparallel (↑↑↓, ↑↓↑, ↓↑↑; drei Achtel der Moleküle) oder eins parallel, zwei antiparallel (↑↓↓, ↓↑↓, ↓↓↑; drei Achtel der Moleküle) oder alle drei antiparallel (↓↓↓; ein Achtel der Moleküle) ausgerichtet sein können. Die Resonanz der drei X-Protonen wiederum erscheint als ein 1:1-Dublett, weil das benachbarte A-Proton entweder parallel oder antiparallel bezüglich des äußeren Magnetfeldes orientiert sein kann. Dieses Molekül kann daher als Beispiel für ein $A X_3$-(oder $A_3 X$)-Spinsystem angesehen werden.

30

Alle in diesem Abschnitt beschriebenen Beispiele können als $A_n X_m$-Spinsystem bezeichnet werden. Diese Schreibweise bedeutet, daß es n magnetisch aktive Kerne eines Satzes A mit einer bestimmten chemischen Verschiebung und m magnetisch aktive Kerne des Satzes X mit einer davon sehr verschiedenen chemischen Verschiebung gibt und daß alle ($n \times m$) möglichen J_{AX}-Werte völlig gleich sind (Forderung der magnetischen Äquivalenz). Die magnetisch aktiven Kerne der Sätze A und X sind im übrigen von allen anderen magnetisch aktiven Kernen in dem Molekül isoliert. Wenn dies der Fall ist, befolgen die Aufspaltungsbilder für die A- und X-Kerne die ($N + 1$)-Regel*). Diese Regel beinhaltet zwei Teilaussagen. Erstens ist die Zahl der Linien in dem Multiplett der Resonanz eines der Kernsätze um 1 größer als die Zahl der Kerne im anderen Satz. Zweitens verhalten sich die relativen Intensitäten der Linien eines Multipletts entsprechend den Binomialkoeffizienten: Dubletts haben die relative Intensität 1:1, Tripletts 1:2:1, Quartetts 1:3:3:1, Quintetts 1:4:6:4:1 und so fort, wie in Abb. 4.8. gezeigt. Die Regel wird von allen in diesem Abschnitt beschriebenen Beispielen eingehalten.

Anzahl der Nachbarn	Linienzahl im Multiplett	Bezeichnung des Multipletts	Relative Intensitäten im Multiplett
0	1	Singulett	1
1	2	Dublett	1 : 1
2	3	Triplett	1 : 2 : 1
3	4	Quartett	1 : 3 : 3 : 1
4	5	Quintett	1 : 4 : 6 : 4 : 1
5	6	Sextett	1 : 5 : 10 : 10 : 5 : 1
6	7	Septett	1 : 6 : 15 : 20 : 15 : 6 : 1
⋮	⋮	⋮	⋮
N	$N + 1$		

Abb. 4.8. Die ($N + 1$)-Regel.

Wir beenden diesen Abschnitt mit zwei weiteren Beispielen von Molekülen, die $A_n X_m$-Systeme enthalten. Das erste betrifft 2-Chlorpropan. Nach der ($N + 1$)-Regel erwarten wir, daß die sechs Methylprotonen wegen der Kopplung mit dem einzelnen Proton an dem das Chloratom tragenden Kohlenstoff als 1:1-Dublett erscheinen. Wir erwarten weiter, daß die Resonanz des einzelnen Protons als ein 1:6:15:20:15:6:1-Septett wegen der Kopplung mit den sechs Methylprotonen erscheint. Das Spektrum von 2-Chlorpropan wird in Abb.

---

*) Das ist ein spezieller Fall einer allgemeineren Regel, die auch andere Kerne als Protonen betrifft.

31

4.9. gezeigt; sein Aussehen bestätigt unsere Erwartungen. Die Einschaltung zeigt das Septett aufgenommen mit einer größeren Verstärkung, so daß auch die schwächeren Außenlinien erkennbar sind. Da es sechs Methylprotonen gibt, ist die Gesamtintensität des Dubletts sechsmal größer als die des Septetts.

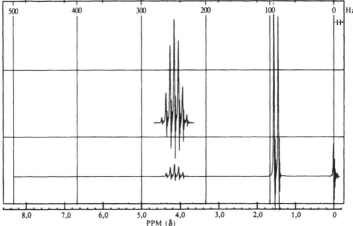

2-Chlorpropan   1-Chloräthan

Abb. 4.9. Protonenresonanzspektrum von 2-Chlorpropan in CCl$_4$.

Das Schlußbeispiel ist 1-Chloräthan. Entsprechend der $(N + 1)$-Regel erwarten wir die Methylresonanz wegen der Kopplung mit den beiden benachbarten Methylenprotonen als ein 1:2:1-Triplett und die Methylenresonanz als ein 1:3:3:1-Quartett wegen der Kopplung mit den drei benachbarten Methylprotonen. Das Spektrum (Abb. 4.10.) stimmt mit diesen Erwartungen überein und ist ein gutes Beispiel für eine typische „Äthylresonanz". Die relativen Intensitäten des Tripletts und des Quartetts verhalten sich wie 3:2.

Es leuchtet ein, daß die Spektren von A_n-Systemen ebenfalls mit der $(N + 1)$-Regel verträglich sind: Ohne magnetisch aktiven Nachbar sollte ihre Resonanz ein Einlinien„multiplett" sein.

32

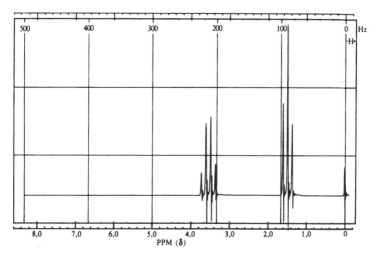

Abb. 4.10. Protonenresonanzspektrum von 1-Chloräthan in CCl$_4$.

4.3. Erweiterung der (N + 1)-Regel

Wie wir bis jetzt gesehen haben, beschreibt die (N + 1)-Regel das Aussehen der NMR-Spektren von Molekülen, deren magnetisch aktiven Kerne Resonanz bei zwei verschiedenen chemischen Verschiebungen ergeben, vorausgesetzt, daß zwei Bedingungen erfüllt sind. Erstens müssen alle möglichen Kopplungskonstanten zwischen den beiden Kernsätzen gleich sein (alle J_{AX} müssen denselben Wert haben; Forderung der magnetischen Äquivalenz). Zweitens· muß der Unterschied der chemischen Verschiebungen $\Delta\delta$ groß sein gegenüber der Kopplungskonstanten J_{AX} (d. h. $\Delta\delta/J_{AX}$ muß von der Größenordnung 10 oder mehr sein).

In diesem Abschnitt wollen wir beschreiben, wie die (N + 1)-Regel auf Systeme mit magnetisch aktiven Kernen in drei oder mehr verschiedenen Atomsätzen· ausgedehnt werden kann. Dann, in Kap. 5 und 6, werden wir die NMR-Spektren von Molekülen beschreiben, für die die eine oder andere der gerade festgestellten beiden Bedingungen nicht erfüllt ist.

Wenn die molekulare Struktur und Geometrie einer Substanz derart sind, daß ihre magnetisch aktiven Kerne erwartungsgemäß bei drei oder mehr verschiedenen Werten der chemischen Verschiebung Resonanz ergeben, dann sind die beiden Bedingungen, die erfüllt sein müssen, um das Spektrum nach einer erweiterten $(N + 1)$-Regel interpretierbar zu machen, die folgenden: (1) Alle Kopplungskonstanten einer bestimmten Art zwischen den verschiedenen Atomsätzen müssen gleich sein (Forderung der magnetischen Äquivalenz), und (2) der Unterschied in den chemischen Verschiebungen der verschiedenen Sätze muß groß sein im Vergleich zu der zugehörigen Kopplungskonstanten.

Wenn diese Bedingungen durch ein Molekül erfüllt werden, für das die magnetisch aktiven Kerne Resonanzen bei drei verschiedenen chemischen Verschiebungen ergeben, dann wird es als ein $A_nM_pX_m$-System angesprochen. Dies bedeutet, daß es n Kerne eines Satzes A mit einer bestimmten chemischen Verschiebung, p in einem Satz M mit einer anderen chemischen Verschiebung und m in einem Satz X mit einer dritten chemischen Verschiebung gibt. Es bedeutet auch, daß alle möglichen Kopplungskonstanten J_{AM} untereinander gleich, alle möglichen J_{MX} untereinander gleich und alle möglichen J_{AX} ebenfalls untereinander gleich sind; damit ist magnetische Äquivalenz vorausgesetzt. (Das bedeutet jedoch nicht, daß $J_{AM} = J_{AX}$, usw.). Schließlich bedeutet es, daß die Verhältnisse $\Delta\delta_{AM}/J_{AM}$, $\Delta\delta_{MX}/J_{MX}$ und $\Delta\delta_{AX}/J_{AX}$ groß sind.

p-Chlorstyrol

Die drei Protonen der Seitenkette von p-Chlorstyrol bilden ein System dieser Art, ein $A_1M_1X_1$- oder vereinfacht geschrieben AMX-System. Das Protonenresonanzspektrum dieser Verbindung ist in Abb. 4.11. zu sehen; die Einschaltung zeigt eine Vergrößerung des Spektrenanteils, der von der Seitenkette herrührt. Das Zwölf-Linien-Spektrum wird am besten beschrieben als drei Paare von Dubletts; je ein Dublettpaar entspricht einem der drei Protonen. Die Deutung dieser Aufspaltung nach der $(N + 1)$-Regel ist die folgende: Die Resonanz des A-Protons wird zunächst durch Kopplung mit dem M-Proton in ein Dublett aufgespalten und dann weiter aufgespalten in ein Paar von Dubletts durch Kopplung mit dem X-Proton. In entsprechender Weise wird die Resonanz des M-Protons in ein Dublett durch Kopplung mit dem A-Proton und weiter in ein Dublettpaar durch Kopplung mit dem X-Proton aufgespalten. Das Aussehen der Resonanz des X-Protons wird in ähnlicher Weise durch sukzessive Aufspaltung durch das A- und M-Proton erklärt. Bei dieser Deutung der Auf-

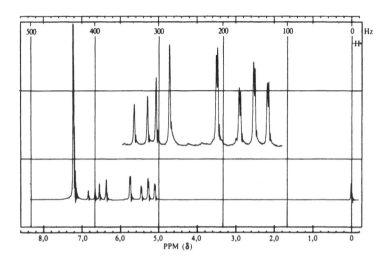

Abb. 4.11. Protonenresonanzspektrum von *p*-Chlorstyrol in CCl₄.

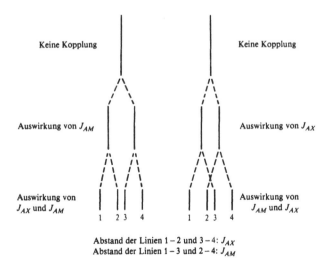

Keine Kopplung

Keine Kopplung

Auswirkung von J_{AM}

Auswirkung von J_{AX}

Auswirkung von J_{AX} und J_{AM}

Auswirkung von J_{AM} und J_{AX}

1 2 3 4

1 2 3 4

Abstand der Linien 1 – 2 und 3 – 4: J_{AX}
Abstand der Linien 1 – 3 und 2 – 4: J_{AM}

Abb. 4.12. Vorhersage des Aussehens der Resonanz eines Kernes *A*, aufgespalten durch Kopplung mit zwei anderen Kernen ($J_{AM} = 6$ Hz und $J_{AX} = 4$ Hz).

35

spaltung z. B. des A-Protons spielt es keine Rolle, ob man zuerst den Einfluß des M-Protons und dann den des X-Protons oder umgekehrt berücksichtigt. Abb. 4.12. beweist, daß beide Wege völlig äquivalent sind. Offensichtlich ist die Bedingung der magnetischen Äquivalenz in diesem Fall automatisch erfüllt, weil es nur je einen magnetisch aktiven Kern für jede chemische Verschiebung gibt. In Kap. 7 werden wir dieses Spektrum erneut betrachten und lernen, wie die Werte der drei Kopplungskonstanten aus dem Linienabstand innerhalb der Multipletts entnommen werden können.

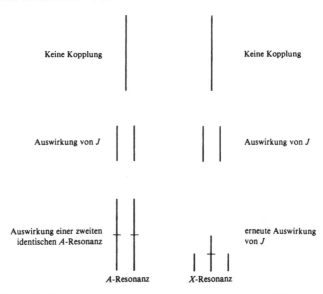

Abb. 4.13. Vorhersage des Aussehens der Resonanz eines A_2X-Systems als Spezialfall eines AMX-Systems mit $\Delta\delta_{AM} = 0$ und $J_{AX} = J$.

Im obigen Beispiel erschien die Resonanz des A-Protons als ein Paar von Dubletts (oder als Dublett von Dubletts). Schon früher haben wir gesehen, daß das A-Proton eines AX_2-Systems als 1:2:1-Triplett erscheint. Das AX_2-System kann auch als Spezialfall des AMX-Systems angesehen werden, in dem M und X dieselbe chemische Verschiebung haben und $J_{AM} = J_{AX}$ ist, wie in Abb. 4.13. gezeigt wird. Von diesem Standpunkt aus wird ein 1:2:1-Triplett als Spezialfall eines Paares von Dubletts angesehen, in dem die Kopplungen zu den beiden anderen magnetisch aktiven Kernen exakt gleich sind, so daß die inneren Linien eines jeden Paares; von Dubletts so zusammenfallen, daß sich eine einfache Linie mit der doppelten Intensität der anderen beiden ergibt. In der Tat können alle regulären Multipletts nach der (N + 1)-Regel als durch den Prozeß sukzessiver Aufspaltung durch gleichartig gekoppelte Nachbarn entstanden angesehen werden.

Beispiel eines AMX-Systems, in dem alle drei Kopplungskonstanten tatsächlich gleich sind und jedes Multiplett als 1:2:1-Triplett erscheint, ist das von 1-Brom-3-chlor-5-jodbenzol (Abb. 4.14.).

1-Brom-3-chlor-5-jodbenzol

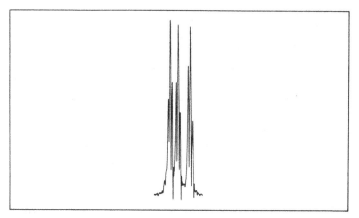

Abb. 4.14. Protonenresonanzspektrum von 1-Brom-3-chlor-5-jodbenzol in CCl$_4$.

In einem AMX-System kann eine der Kopplungskonstanten sehr klein oder gar 0 sein. Wenn dies geschieht, dann erscheint nur die Resonanz eines magnetisch aktiven Kerns als ein Paar von Dubletts; die Resonanzen der beiden anderen erscheinen nur als Dubletts (acht Linien insgesamt). Das Spektrum eines solchen Falles, das von 2,4-Dinitrochlorbenzol, wird in Abb. 4.15. gezeigt. Die Resonanz des A-Protons ist das Dublett ganz links, die des X-Protons das Dublett ganz rechts, und die Resonanz des M-Protons erscheint als Paar von Du-

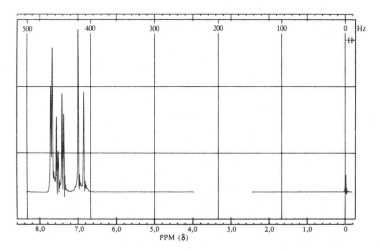

2,4-Dinitrochlorbenzol

Abb. 4.15. Protonenresonanzspektrum von 2,4-Dinitrobenzol in CCl$_4$; Offset = 1 ppm.

bletts in der Mitte. In diesem Beispiel ist $J_{para} = 0$, und die Zuordnung der Resonanzen wurde unter der Annahme getroffen, daß J_{ortho} größer ist als J_{meta}, wie es im allgemeinen der Fall ist. Wenn es mehr als einen magnetisch aktiven Kern für jede chemische Verschiebung gibt, kann das Aussehen des NMR-Spektrums durch diese Erweiterung der ($N + 1$)-Regel vorausgesagt werden. Z. B. kann das Protonenresonanzspektrum von 2-Butensäure-γ-lacton vorausgesagt werden wie folgt:

2-Butensäure-γ-lacton

Die Resonanz des A-Protons sollte als ein Paar von 1:2:1-Tripletts (durch sukzessive Aufspaltung durch die beiden X-Protonen und das eine M-Proton), die des M-Protons ebenfalls als ein Paar von Tripletts und die des X-Protons als ein Paar von Dubletts erscheinen. Das Aussehen des Spektrums stimmt mit dieser Voraussage sehr gut überein*).

4.4. Zusammenfassung der (N + 1)-Regel

In diesem Kapitel haben wir Beispiele betrachtet, in denen es möglich ist, das Spin-Spin-Aufspaltungsmuster des NMR-Spektrums in einfacher Weise gemäß der (N + 1)-Regel zu deuten. Die verschiedenen besprochenen Möglichkeiten können wie folgt zusammengefaßt werden:

	Aussehen der Resonanz		
Spinsystem	A-Resonanz	M-Resonanz	X-Resonanz
1. A	Singulett	–	–
A_2	Singulett	–	–
A_3	Singulett	–	–
⋮	⋮	⋮	⋮
A_m	Singulett	–	–
2. AX	1:1-Dublett	–	1:1-Dublett
AX_2	1:2:1-Triplett	–	1:1-Dublett
AX_3	1:3:3:1-Quartett	–	1:1-Dublett
⋮	⋮	⋮	⋮
AX_n	Multiplett mit n + 1 Linien	–	1:1-Dublett
A_2X_2	1:2:1-Triplett	–	1:2:1-Triplett
A_2X_3	1:3:3:1-Quartett	–	1:2:1-Triplett
⋮	⋮	⋮	⋮
A_2X_n	Multiplett mit n + 1 Linien	–	1:2:1-Triplett
⋮	⋮	⋮	⋮
A_mX_n	Multiplett mit n + 1 Linien	–	Multiplett mit m + 1 Linien
3. AMX	Paar von Dubletts	Paar von Dubletts	Paar von Dubletts

*) Spektrum Nr. 51 in High Resolution NMR Spectra Catalog, Bd. 1, Varian Ass., Palo Alto, Calif.

AMX_2	Paar von Tripletts	Paar von Tripletts	Paar von Dubletts
AMX_3	Paar von Quartetts	Paar von Quartetts	Paar von Dubletts
$\vdots$	$\vdots$	$\vdots$	$\vdots$
$A_m M_p X_n$	$p + 1$ Multipletts mit $n + 1$ Linien	$m + 1$ Multipletts mit $n + 1$ Linien	$m + 1$ Multipletts mit $p + 1$ Linien

Aufgaben zu 4.

4.1. Identifiziere jedes A_n-Spinsystem in den folgenden Verbindungen! Gib an, welche A_n-Spinsysteme dieselbe chemische Verschiebung haben! Sage die Anzahl und Intensität der für jedes Protonenresonanzspektrum erwarteten Singuletts voraus!

a)

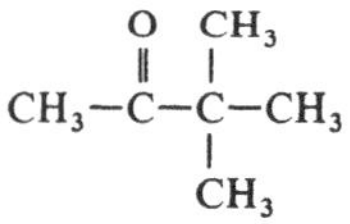

$$CH_3-\overset{\overset{\displaystyle O}{\|}}{C}-\overset{\overset{\displaystyle CH_3}{|}}{\underset{\underset{\displaystyle CH_3}{|}}{C}}-CH_3$$

b)

$$CH_3-O-CH_2-\overset{\overset{\displaystyle CH_3}{|}}{\underset{\underset{\displaystyle CH_3}{|}}{C}}-CH_3$$

c)

$$CH_3-O-CH_2-\!\!\left\langle\ \right\rangle\!\!-CH_2-O-CH_3$$

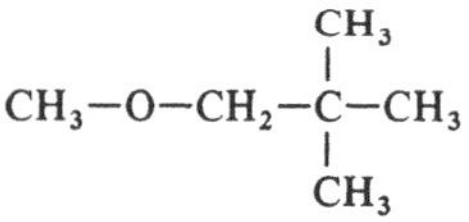

d)

$$CH_3-\overset{\overset{\displaystyle CH_2-Br}{|}}{\underset{\underset{\displaystyle CH_3}{|}}{C}}-CH_2-Br$$

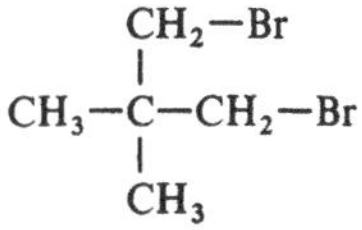

e)

f)

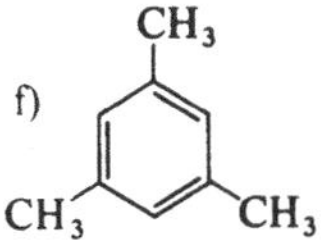

g)

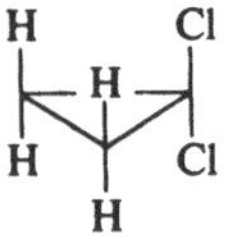

4.2. Angenommen, die $(N + 1)$-Regel sei anwendbar. Sage das Aussehen des Protonenresonanzspektrums für die folgenden Verbindungen voraus! Wieviel Multipletts werden beobachtet? Wie ist ihre relative Intensität? Wie ist die relative Intensität jeder Einzellinie in jedem Multiplett!

a) $Br-CH_2CHCl_2$ b) CH_3-CH_2-Br c) $Cl_2CH-CH_2-CHCl_2$

d)
$$CH_3-\overset{\overset{\displaystyle H}{|}}{\underset{\underset{\displaystyle Cl}{|}}{C}}-\overset{\overset{\displaystyle O}{\|}}{C}-CH_3$$

e)
$$CH_3-\overset{\overset{\displaystyle H}{|}}{\underset{\underset{\displaystyle CH_3}{|}}{C}}-\overset{\overset{\displaystyle O}{\|}}{C}-CH_3$$

f)
$$CH_3CH_2-O-\overset{\overset{\displaystyle O}{\|}}{C}-CH_2-\overset{\overset{\displaystyle O}{\|}}{C}-O-CH_2CH_3$$

g)
$$CH_3-\overset{\overset{\displaystyle O-CH_3}{|}}{\underset{\underset{\displaystyle O-CH_3}{|}}{C}}-H$$

h) $CH_3CH_2-O-\langle benzene ring \rangle-O-CH_2CH_3$

i)
$$CH_3CH_2-\overset{\overset{\displaystyle O}{\|}}{C}-O-CH_2CH_3$$

4.3. Angenommen, die erweiterte $(N + 1)$-Regel sei anwendbar. Sage das Aussehen des Protonenresonanzspektrums der folgenden Verbindungen voraus! Wie viele Multipletts werden beobachtet? Wie ist ihre relative Intensität? Wie ist die relative Intensität jeder Einzellinie in jedem Multiplett?

a)
Die Methylprotonen stellen ein unabhängiges A_3-System dar.

b)
Die Methylprotonen stellen ein unabhängiges A_3-System dar.

c)
Die Methylprotonen stellen ein unabhängiges A_3-System dar.

41

d)

e)

Das Carboxylproton stellt ein
unabhängiges A_1-System dar.

f)

5. Gestörte Aufspaltung 1. Ordnung: $\Delta\delta$ nicht groß gegenüber J

In Kap. 4 wurde eine Anzahl von NMR-Spektren gezeigt, bei denen es möglich war, die Aufspaltung in einfacher Weise, nämlich gemäß der $(N + 1)$-Regel, zu deuten. Es wurde jedoch dort darauf hingewiesen, daß zwei Bedingungen erfüllt sein müssen, damit die $(N + 1)$-Regel anwendbar ist. Erstens, alle Kopplungskonstanten zwischen den Mitgliedern zweier Sätze von magnetisch aktiven Kernen mit verschiedener chemischer Verschiebung müssen gleich sein; damit wird magnetische Äquivalenz vorausgesetzt. Zweitens, die eine Kopplungskonstante J zwischen den beiden Sätzen muß klein sein im Vergleich zur entsprechenden Differenz $\Delta\delta$ der chemischen Verschiebungen der beiden Sätze. In diesem Kapitel wollen wir nunmehr sehen, welche Konsequenzen es hat, wenn die zweite Bedingung nicht erfüllt ist. (Die Konsequenzen bei Nichterfüllung der ersten Bedingung werden in Kap. 6 besprochen.)

5.1. Zwei koppelnde Sätze von Atomkernen

Ein Beispiel eines NMR-Spektrums, in dem die Aufspaltung nicht nach der $(N + 1)$-Regel berechnet werden kann, stellt 1,2,3-Trichlorbenzol dar. Gemäß der $(N + 1)$-Regel sollte die Resonanz des mittleren Protons als 1:2:1-Triplett und die der anderen beiden Protonen als 1:1-Dublett erscheinen (fünf Linien insgesamt). Das wirkliche Spektrum zeigt jedoch insgesamt sieben Linien (Abb. 5.1.). Der Grund dafür ist, daß die Differenz der chemischen Verschiebungen zwischen den beiden Resonanzen $\Delta\delta$ zu klein im Vergleich zur Kopplungskonstanten J ist – das Verhältnis $\Delta\delta/J$ ist zu klein.

1,2,3-Trichlorbenzol

Wenn auch die $(N + 1)$-Regel in diesem Fall für die Erklärung der Aufspaltung nicht herangezogen werden kann, gelingt dies mit Hilfe quantenmechanischer Methoden. Abb. 5.2. zeigt einige Ergebnisse solcher quantenmechanischer Berechnungen. Aus der Abb. ist zu ersehen, daß, wenn $\Delta\delta$ genügend groß im Vergleich mit J ist (d. h. wenn das Verhältnis $\Delta\delta/J$ groß ist), die Ergebnisse der $(N + 1)$-Regel und der quantenmechanischen Berechnungen ungefähr dieselben sind.

Wenn jedoch $\Delta\delta$ relativ zu J abnimmt, dann geben nur noch die Ergebnisse der quantenmechnischen Berechnungen das beobachtete Spektrum wieder.

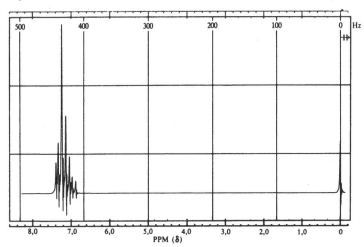

Abb. 5.1. Protonenresonanzspektrum von 1,2,3-Trichlorbenzol in CCl_4.

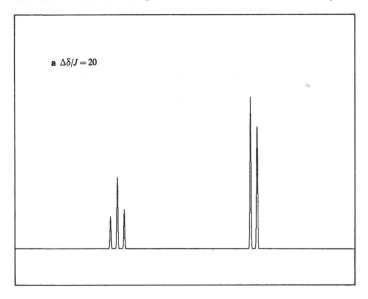

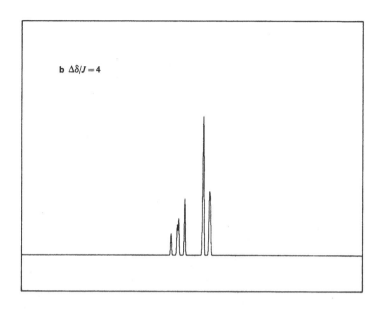

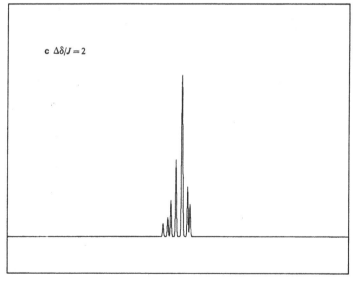

Abb. 5.2. Berechnete Spektren des AX_2- bzw. AB_2-Systems.

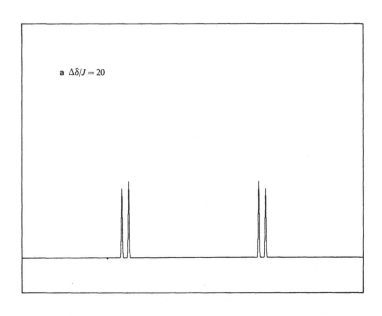

a $\Delta\delta/J = 20$

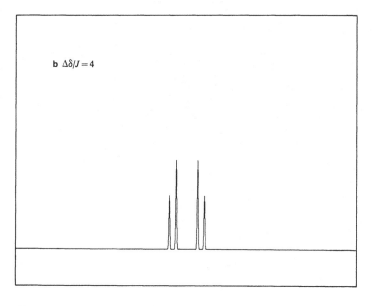

b $\Delta\delta/J = 4$

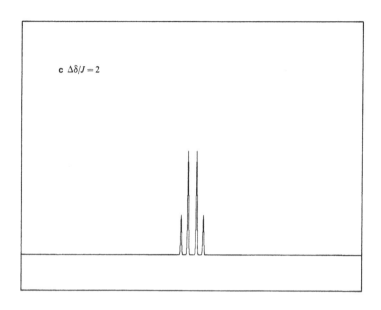

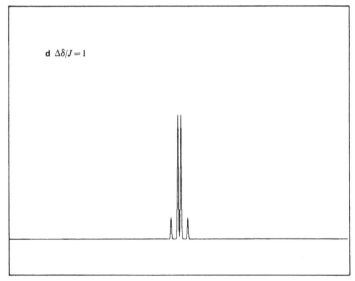

Abb. 5.3. Berechnete Spektren des *A X*- bzw. *A B*-Systems.

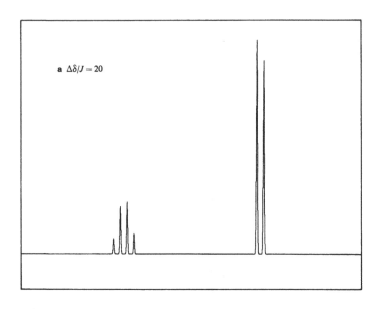

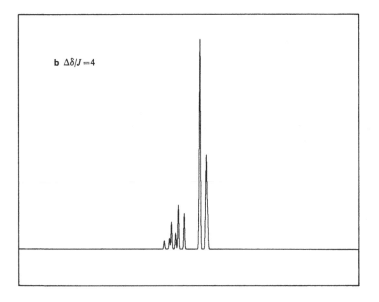

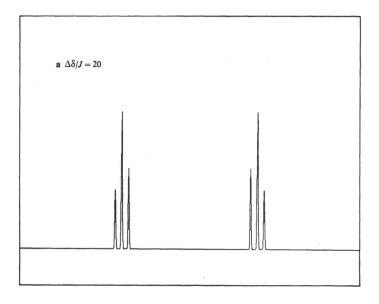

c $\Delta\delta/J = 2$

Abb. 5.4. Berechnete Spektren des AX_3- bzw. AB_3-Systems.

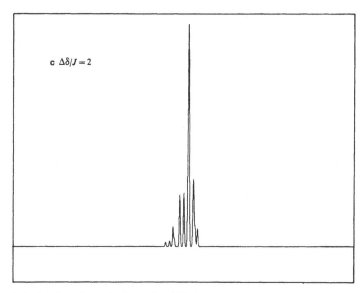

a $\Delta\delta/J = 20$

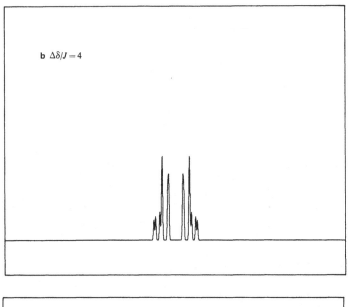

b $\Delta\delta/J = 4$

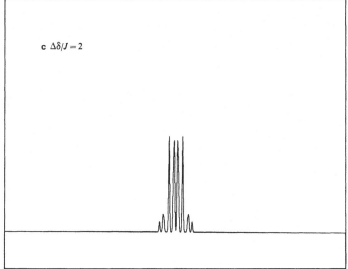

c $\Delta\delta/J = 2$

Abb. 5.5. Berechnete Spektren des A_2X_2- bzw. A_2B_2-Systems.

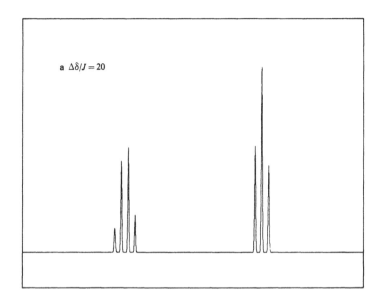

a $\Delta\delta/J = 20$

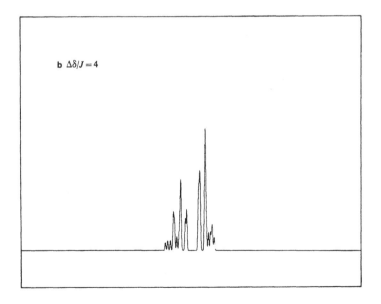

b $\Delta\delta/J = 4$

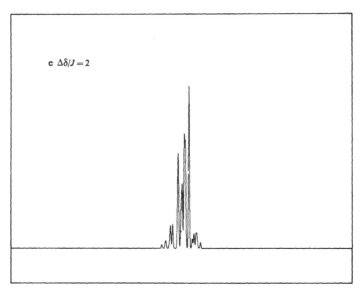

c $\Delta\delta/J = 2$

Abb. 5.6. Berechnete Spektren des A_2X_3- bzw. A_2B_3-Systems.

Die Lage ist für andere A_mX_n-Systeme ähnlich. Abb. 5.3. zeigt Beispiele für die berechneten Linienabstände und relativen Linienintensitäten für das AX-System als Funktion des abnehmenden Verhältnisses $\Delta\delta/J$. Wenn $\Delta\delta/J$ abnimmt, weil $\Delta\delta$ kleiner wird, rücken die Linien enger zusammen, die inneren Linien wachsen an, während die äußeren abnehmen. Abb. 5.4., 5.5. und 5.6. zeigen einige Ergebnisse der quantenmechanischen Berechnungen für AX_3-, A_2X_2- und A_2X_3-Systeme. Wenn $\Delta\delta/J$ abnimmt, rücken die Linien näher zusammen, es treten mehr Linien auf, die inneren Linien werden intensiver und die äußeren verschwinden allmählich. Im Grenzfall, wenn $\Delta\delta/J$ gegen Null geht, fallen die inneren Linien alle zusammen und die äußeren verschwinden völlig, so daß sich ein Singulett ergibt (gerade wie es die $(N + 1)$-Regel für ein A_n-System voraussagt). Die dazwischen liegenden Fälle werden häufig als AB-, AB_2-, ...-Systeme bezeichnet; die Benutzung von im Alphabet dicht beieinander liegenden Buchstaben weist auf die geringen Unterschiede der chemischen Verschiebungen hin.

Obwohl die $(N + 1)$-Regel nicht anwendbar ist, wenn das Verhältnis $\Delta\delta/J$ klein wird, ist es doch noch möglich, diese Aufspaltungen mit Hilfe von Diagrammen auszuwerten (wie z. B. in Abb. 5.2. bis 5.6. ge-

52

zeigt); es ist so möglich, die Resonanzen zu deuten. Es existiert jedoch ein wesentlicher Unterschied zwischen der einfachen Näherungsmethode und der quantenmechanischen Methode. Im einfachen Modell werden die Moleküle in Gruppen eingeteilt, und jede Gruppe hat ein Resonanzsignal bei einem verschiedenen Wert von H_{ext}. Im Gegensatz dazu betrachtet das quantenmechanische Verfahren die Gesamtheit aller magnetisch aktiven Kerne und berechnet die Energieniveaudifferenzen und die Wahrscheinlichkeiten für einen Übergang zwischen ihnen. Im quantenmechanischen Modell werden alle Moleküle als identisch betrachtet, aber ein gewisser Teil davon verhält sich in dieser, ein anderer Teil in anderer Weise, entsprechend den Wahrscheinlichkeiten für verschiedene Vorgänge. Im AB-System z. B. haben vier Übergänge ungefähr dieselbe Wahrscheinlichkeit, solange $\Delta\delta/J$ groß ist. Wenn $\Delta\delta/J$ abnimmt, ändern sich die Energien dieser Übergänge und ihre Wahrscheinlichkeiten, bis im A_2-Grenzfall nur noch ein Übergang als beobachtbar vorausgesagt wird.

Da, wie im Abschnitt 3.3. festgestellt wurde, Kopplungskonstanten (J) von H_{ext} unabhängig sind, wohingegen Differenzen in den chemischen Verschiebungen ($\Delta\delta$) mit H_{ext} zunehmen, wird das Verhältnis $\Delta\delta/J$ größer mit zunehmendem H_{ext}. Dementsprechend haben Spektren, auf die die ($N + 1$)-Regel an sich nicht anwendbar ist, nahezu das Aussehen von Spektren 1. Ordnung, je größer das Magnetfeld des Instruments ist, das zur Aufnahme benutzt wurde. Nehmen wir z. B. an, ein Spektrum sei mit einem 60-MHz-Instrument aufgenommen worden und enthalte eine Äthylresonanz, die der in Abb. 5.6b. ähnlich sieht; wird das Spektrum erneut bei 300 MHz aufgenommen, so kann die Äthylresonanz ähnlich der in Abb. 5.6a. aussehen.

5.2. Drei oder mehr miteinander koppelnde Sätze von Atomkernen

Die Änderung im Aufspaltungsbild läßt sich vom A_mX_n-System, für das die ($N + 1$)-Regel gilt, bis zum A_mB_n-System, für das quantenmechanische Verfahren zur Berechnung der Aufspaltung herangezogen werden müssen, als Funktion des Verhältnisses $\Delta\delta/J$ darstellen, wenn es sich nur um zwei miteinander koppelnde Sätze von Kernen handelt. Wenn jedoch Sätze von magnetisch aktiven Atomkernen mit drei verschiedenen chemischen Verschiebungen vorhanden sind (und magnetische Äquivalenz vorausgesetzt wird), dann hängt das Aussehen des Spektrums von drei Kopplungskonstanten (J_{AM}, J_{AX} und J_{MX}) zwischen den Sätzen und zwei Differenzen der chemischen Verschiebungen (die dritte ergibt sich durch die beiden anderen) ab; dann kann man ,nicht alle Möglichkeiten in systematischer Weise als Funktion eines einzigen Parameters darstellen. Die einzige, simple Aussage, die getroffen werden kann, ist, daß das Aufspaltungsbild komplex sein wird.

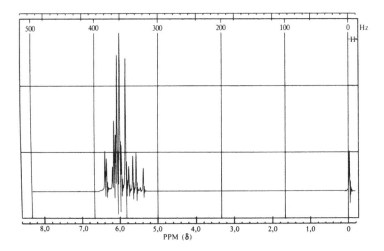

Acrylnitril

Abb. 5.7. Protonenresonanzspektrum von Acrylnitril in CCl_4.

Ein Beipiel eines solchen Systems ist Acrylnitril. Während die $(N + 1)$-Regel voraussagen würde, daß das Spektrum drei Paare von Dubletts aufweist, wie im Spektrum von p-Chlorstyrol (Abb. 4.11.), ist in Wirklichkeit das Spektrum kompliziert und zeigt insgesamt 15 Linien (Abb. 5.7.). Der Grund dafür ist, daß für dieses Molekül die Differenzen der chemischen Verschiebungen für die drei Protonen nicht groß im Vergleich mit den zugehörigen Kopplungskonstanten sind. Acrylnitril wäre als Beispiel eines ABC-Systems anzusprechen.

Wenn mehr Kerne in drei oder mehr Sätzen mit verschiedenen chemischen Verschiebungen betroffen sind, dann sind die Spektren noch komplizierter.

6. Komplizierte Aufspaltungsbilder: magnetische Nichtäquivalenz

In Kap. 4 wurden die Aufspaltungen in den NMR-Spektren einiger Verbindungen in einfacher Weise entsprechend der $(N + 1)$-Regel gedeutet. Damals war aber festgestellt worden, daß zwei Bedingungen erfüllt sein müssen, damit die $(N + 1)$-Regel gilt. Erstens, alle Kopplungskonstanten zwischen den Mitgliedern von zwei Sätzen magnetisch aktiver Kerne mit unterschiedlichen chemischen Verschiebungen müssen einander gleich sein. Zweitens, die einzige vorhandene Kopplungskonstante J muß klein sein im Vergleich mit der Differenz der chemischen Verschiebungen $\Delta\delta$ für die beiden Sätze magnetisch aktiver Kerne. Im vorausgehenden Kapitel haben wir gesehen, daß, wenn die zweite Bedingung nicht erfüllt ist, das Aufspaltungsbild im allgemeinen mehr Linien aufweist, als die $(N + 1)$-Regel liefert, und daß die relativen Linienintensitäten nicht in einfacher Weise miteinander verbunden sind. In dem vorliegenden Kapitel werden wir sehen, daß bei Nichterfüllung der ersten Bedingung komplizierte Aufspaltungen auch dann beobachtet werden, wenn die Unterschiede in den chemischen Verschiebungen groß sind.

Bis jetzt haben wir nur Beispiele ausgewählt, die die erste Bedingung erfüllen. Ein einfaches Molekül, für das die Protonen diese Bedingung nicht erfüllen, ist 1-Brom-4-chlorbenzol. Die beiden Protonen in Orthostellung zum Brom haben untereinander dieselbe chemische Ver-

1-Brom-4-chlorbenzol

schiebung, und die beiden Protonen in Orthostellung zum Chlor haben ebenfalls untereinander dieselbe chemische Verschiebung, die chemischen Verschiebungen der beiden Protonensätze sind jedoch verschieden. Die Kopplungskonstanten zwischen den beiden magnetisch aktiven Atomkernen in jedem Satz sind jedoch *nicht* alle gleich groß: Für jedes Proton in einem Satz gibt es in dem anderen Satz eins in Orthostellung und eins in Parastellung zu ihm, und im allgemeinen ist J_{ortho} größer als J_{para}. Der Umstand, daß es zwei verschiedene Kopplungskonstanten J_{ortho} und J_{para} gibt, bedeutet, daß die erste Bedingung nicht erfüllt ist. Dementsprechend ist das Protonenresonanzspektrum von 1-Brom-4-chlorbenzol, das in Abb. 6.1. gezeigt wird, kompliziert und kann nicht nach der $(N + 1)$-Regel interpretiert werden.

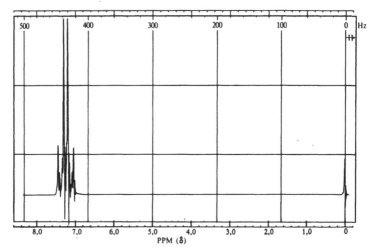

Abb. 6.1. Protonenresonanzspektrum von 1-Brom-4-chlorbenzol in CCl_4.

Häufig ist es vorteilhaft, die Beziehung zwischen Mitgliedern von zwei Sätzen magnetisch aktiver Kerne mit einem kurzen Ausdruck zu bezeichnen. Die für die NMR-Spektroskopie wichtigste Beziehung ist die Gleichheit oder Nichtgleichheit von Kopplungskonstanten zwischen verschiedenen Sätzen. Man benutzt den Ausdruck „*magnetische Äquivalenz*"*), um sich auf Sätze koppelnder magnetisch aktiver Kerne mit unterschiedlicher chemischer Verschiebung zu beziehen, für die alle Kopplungskonstanten zwischen den Sätzen genau gleich sind. Alle früheren Beispiele mit Ausnahme des letzten (1-Brom-4-chlorbenzol) haben Sätze magnetisch äquivalenter Kerne, und die erste Bedingung, die Voraussetzung für die Anwendung der $(N + 1)$-Regel ist, kann kürzer gefaßt werden, indem man sagt, daß die Sätze benachbarter Kerne magnetisch äquivalent sein müssen. Im Gegensatz dazu kann

---

*) Der Begriff „magnetische Äquivalenz" wird von verschiedenen Autoren zur Bezeichnung unterschiedlicher Tatbestände benutzt. Da jedoch die Frage, ob die sehr brauchbare $(N + 1)$-Regel anwendbar ist oder nicht, von der Gleichheit der Kopplungskonstanten zwischen Atomkernsätzen abhängt, sind wir der Meinung, daß der Begriff „magnetische Äquivalenz" im Hinblick auf diese wichtige Bedingung angewendet werden soll.

von den beiden Protonensätzen in 1-Brom-4-chlorbenzol gesagt werden, daß sie magnetisch nichtäquivalent sind: nicht alle ihre Kopplungskonstanten sind gleich.

Andere Beispiele magnetischer Nichtäquivalenz kann man in orthodisubstituierten Benzolderivaten mit gleichen Substituenten finden. Im Falle von 1,2-Dichlorbenzol betreffen J_{ortho} und J_{para} Mitglieder der beiden Sätze von magnetisch aktiven Kernen mit verschiedener chemischer Verschiebung, und das Spektrum (siehe Abb. 6.2.) ist kompliziert. Spinsysteme, wie die von 1-Brom-2-chlorbenzol und 1,2-Dichlorbenzol, werden oft als $AA'XX'$-Systeme bezeichnet, wodurch ausgedrückt wird, daß J_{AX} nicht gleich $J_{A'X}$ ist und daher magnetische Nichtäquivalenz vorliegt.

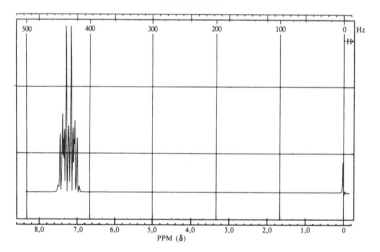

1,2-Dichlorbenzol

Abb. 6.2. Protonenresonanzspektrum von o-Dichlorbenzol in CCl_4.

Im Falle eines starren Moleküls wie Benzol ist leicht zu erkennen, ob Kopplungskonstanten notwendigerweise einander gleich sind: Wenn die geometrischen Beziehungen zwischen Paaren von magnetisch aktiven Kernen genau gleich sind, dann müssen die Kopplungskonstanten identisch sein. Wenn aber die geometrischen Beziehungen zwischen Paaren von magnetisch aktiven Kernen unterschiedlich sind, werden die Kopplungskonstanten gewöhnlich verschieden sein, obwohl sie zufällig gleich sein können. Es ist bei nichtstarren Molekülen, die Konformationsänderungen unterliegen können, schwieriger zu entscheiden, ob Kopplungskonstanten zwischen Sätzen gleich oder nicht gleich sind (ob also magnetische Äquivalenz oder Nichtäquivalenz vorliegt). Z. B. sind die beiden Protonensätze − die beiden Methylengruppen − in 1-Brom-2-chloräthan magnetisch nichtäquivalent (obwohl dies nicht so offensichtlich ist wie im Falle von 1-Brom-4-chlorbenzol), und das NMR-Spektrum (Abb. 6.3.) ist komplex*).

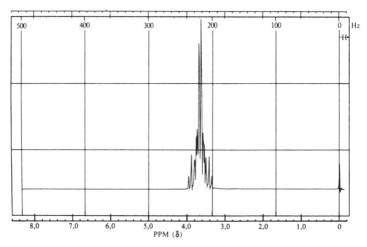

1-Brom-2-chloräthan

Abb. 6.3. Protonenresonanzspektrum von 1-Brom-2-chloräthan in CCl_4.

Bis jetzt haben wir in unserer Deutung der Linienaufspaltung nur Kopplungskonstanten *zwischen* verschiedenen Sätzen − Kopplungskonstanten zwischen Mitgliedern von Sätzen magnetisch aktiver Kerne

*) Ein einfaches Verfahren, durch das entschieden werden kann, ob magnetische Äquivalenz vorliegt oder nicht, wird im Journal of Chemical Education, *Bd. 51*, S. 729 (1974) beschrieben.

mit verschiedenen chemischen Verschiebungen – betrachtet und haben Kopplungskonstanten innerhalb eines Satzes – also Kopplungskonstanten zwischen magnetisch aktiven Kernen gleicher chemischer Verschiebung – überhaupt nicht erwähnt. Der Grund dafür ist, daß beim Vorliegen von magnetischer Äquivalenz das Aussehen des NMR-Spektrums unabhängig von allen Kopplungskonstanten innerhalb der Sätze ist.

Wenn jedoch magnetische Nichtäquivalenz vorliegt, wie in den drei in diesem Kapitel vorgestellten $AA'XX'$-Systemen, hängt das Aussehen des NMR-Spektrums nicht nur vom Unterschied in den chemischen Verschiebungen der beiden Sätze magnetisch aktiver Kerne $\Delta\delta$ ab, sondern auch von den beiden verschiedenen Kopplungskonstanten zwischen den Sätzen J_{AX} und $J_{A'X}$ und den beiden Kopplungskonstanten innerhalb der Sätze $J_{AA'}$ und $J_{XX'}$. (In jedem der drei oben beschriebenen Fälle gilt wegen der Molekülsymmetrie $J_{AX} = J_{A'X'}$). Da das Aussehen des Spektrums von einer Differenz in der chemischen Verschiebung und von vier Kopplungskonstanten abhängt, ist es unmöglich, die verschiedene Art und Weise darzustellen, in der das Spektrum als Funktion eines einzigen Parameters erscheinen kann, wie in $A_m X_n$-Systemen. Wie man jedoch aus Abb. 6.1. bis 6.3. sehen kann, ist das Spektrum immer symmetrisch zu seinem Mittelpunkt. Das gilt auch für jedes $A_m X_n$-System, in dem $m = n$ ist, wie beim AX- oder beim $A_2 X_2$-System (Abb. 5.3. und 5.5.).

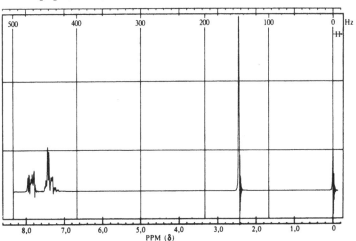

Abb. 6.4. Protonenresonanzspektrum von Acetophenon in CCl_4.

Andere Systeme, in denen Nichtäquivalenz vorliegt, schließen monosubstituierte Benzolderivate ein, z. B. Acetophenon. Da die *A*- und *B*-Protonen magnetisch nicht äquivalent sind, erwartet man für die fünf aromatischen Protonen eine komplexe Resonanz. Das Spektrum (Abb. 6.4.) stimmt mit dieser Erwartung überein. Die Methylprotonen, die für sich ein isoliertes A_3-System bilden, erscheinen als Singulett. In vielen monosubstituierten Benzolderivaten bedingt jedoch die

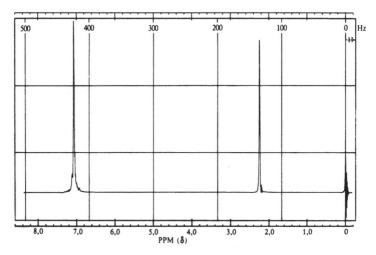

Abb. 6.5. Protonenresonanzspektrum von Toluol in CCl$_4$.

Anwesenheit des Substituenten keine bedeutenden Unterschiede in der chemischen Verschiebung der ortho-, meta- und para-ständigen Protonen. Ist dies der Fall, dann bilden die fünf Protonen ein System, das sehr nahe bei einem A_5-System liegt, in dem die Resonanz als Singulett erscheint und von allen Kopplungskonstanten unabhängig ist. Ein Beispiel, das diesen Fall illustriert, ist Toluol, dessen ganzes NMR-Spektrum je ein Singulett für die aromatischen und die Methylprotonen aufweist (Abb. 6.5.). Der Unterschied im Aussehen der Resonanz der fünf aromatischen Protonen von Acetophenon und Toluol (Abb. 6.4. und 6.5.) kann durch die Aussage erklärt werden, daß der Elektronen abziehende Effekt der Carbonylgruppe zur Entschirmung der Protonen in ortho-Stellung stärker ist als in meta- und para-Stellung zu ihr und so die Resonanz der ortho-, meta- und para-Protonen über einen größeren Bereich der chemischen Verschiebung ausgedehnt wird.

Aufgaben zu 6.

Zeige für jede der folgenden Verbindungen an, welches Protonenspinsystem magnetische Äquivalenz beinhaltet und welches nicht! Sage das Aussehen des Protonenresonanzspektrums für jede Verbindung voraus! Im Falle der Resonanz eines Protonensatzes, für den magnetische Äquivalenz nicht vorliegt, muß die Vorhersage „komplexes Multiplett" lauten.

6.1.
$$CH_3-\overset{\overset{\textstyle O}{\|}}{C}-O-CH_2CH_2-O-\overset{\overset{\textstyle O}{\|}}{C}-CH_3$$

6.2.
$$CH_3-O-\overset{\overset{\textstyle O}{\|}}{C}-CH_2CH_2-\overset{\overset{\textstyle O}{\|}}{C}-O-CH_3$$

6.3.
$$CH_3-\overset{\overset{\textstyle O}{\|}}{C}-O-CH_2CH_2-\overset{\overset{\textstyle O}{\|}}{C}-O-CH_3$$

6.4.

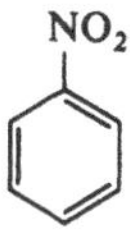

6.5. o-Dinitrobenzol

6.6. m-Dinitrobenzol

6.7. p-Dinitrobenzol

6.8.

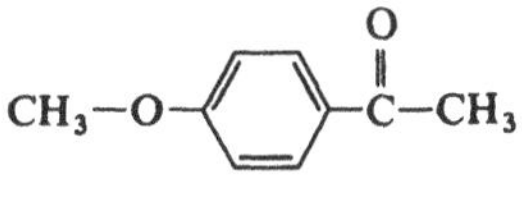

7. Interpretation von Protonenresonanzspektren im Hinblick auf die Molekülstruktur

In diesem Kapitel wollen wir kurz einige Merkmale der Molekülstruktur betrachten, die das Ausmaß der Protonenabschirmung und die Stärke der Kopplung zwischen Protonen bestimmen. Dann wollen wir uns einige weitere Spektren von Verbindungen bekannter Struktur als Vorbereitung auf eine Betrachtung ansehen, wie man die Interpretation des NMR-Spektrums einer unbekannten Verbindung anzupacken hat. Schließlich wollen wir einige zusätzliche Kunstgriffe erwähnen, die als Hilfe bei der Deutung von NMR-Spektren benutzt werden können.

7.1. Abhängigkeit der chemischen Verschiebung von der Molekülstruktur

Im allgemeinen wird ein Proton an einem Kohlenstoff weniger abgeschirmt, wenn es stark Elektronen abziehende Atome oder Gruppen gibt, die ebenfalls an diesen Kohlenstoff gebunden sind. Je stärker die Gruppe Elektronen abzieht oder je größer die Zahl solcher Gruppen ist, desto geringer ist die Abschirmung. Demgemäß sind die Methylenprotonen von Äthylchlorid (CH_3CH_2Cl) weniger abgeschirmt als die Methylprotonen (Abb. 4.10.), und das Methinproton in 1,1,2-Trichloräthan ($CHCl_2 - CH_2Cl$) ist weniger abgeschirmt als die Methylenprotonen (Abb. 4.5.). Offensichtlich äußert sich eine Abnahme der Elektronendichte in der Nachbarschaft des Protons in geringerer Abschirmung. Man erkennt, daß die Wirkung des äußeren Magnetfeldes einen Strom erzeugt, der seinerseits ein Magnetfeld in einer dem äußeren Magnetfeld entgegengesetzten Richtung aufbaut und so die Wirkung von H_{ext} vermindert. Je geringer die Elektronendichte um das Proton herum ist, um so kleiner ist der induzierte Strom und um so niedriger ist die Abschirmung.

Tab. 7.1. bietet einige beobachtete Zusammenhänge zwischen chemischer Verschiebung (Abschirmung bezüglich der Methylprotonen von Tetramethylsilan) und Molekülstruktur. Der obere Teil der Tab. zeigt den Normalbereich der chemischen Verschiebung für Methylgruppen in unterschiedlicher struktureller Umgebung. Daraus läßt sich ersehen, daß im allgemeinen die Methylgruppe um so weniger abgeschirmt ist, je elektronegativer das Atom oder die Gruppe ist, an die sie gebunden ist.

Der mittlere Teil der Tab. 7.1. zeigt den Normalbereich der chemischen Verschiebung für Methylengruppen in unterschiedlicher struk-

Tab. 7.1. Chemische Verschiebung – Molekülstrukturzuordnungen für Protonen an Kohlenstoff

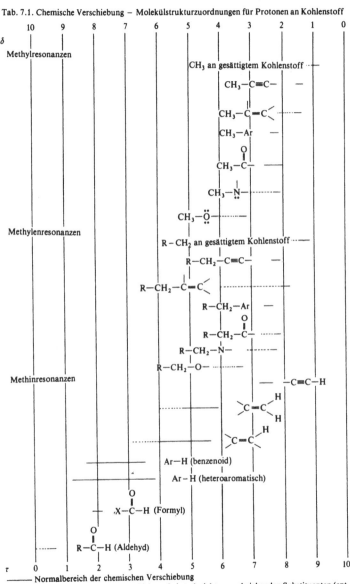

—— Normalbereich der chemischen Verschiebung

······· Bereich der chemischen Verschiebung bei stark elektronenabziehenden Substituenten (entweder durch induktive oder Resonanzeffekte)

tureller Umgebung. Vergleicht man diesen Tabellenteil mit dem ersten Teil, erkennt man, daß eine Methylengruppe, wie z. B. $R - CH_2 -$, etwas weniger abgeschirmt ist als eine Methylgruppe in derselben strukturellen Umgebung. Offensichtlich besitzt die Alkylgruppe R im Vergleich zu einem Wasserstoffatom einen entschirmenden Einfluß. Wenn R stärker elektronegativ ist als Alkyl, wird die Methylengruppe noch weniger abgeschirmt. Tab. 3.1. liefert weitere Beziehungen zwischen chemischer Verschiebung und Molekülstruktur für Methylengruppen des Typs $X - CH_2 - Y$.

Der letzte Teil der Tab. 7.1. zeigt den Normalbereich der chemischen Verschiebung von Methinprotonen in unterschiedlicher struktureller Umgebung. Hier kann man sehen, daß ein an einen aromatischen Ring gebundenes Proton viel weniger abgeschirmt ist, als man auf der Basis der Elektronegativität und induktiver Effekte erwarten würde; als Erklärung dafür wird ein spezieller Mechanismus der Entschirmung herangezogen. Bei beliebiger Orientierung des aromatischen Rings bezüglich der Richtung des äußeren Magnetfeldes H_{ext} werden die π-Elektronen in einer solchen Weise einen kreisförmigen Strom darstellen, daß ein kleines Magnetfeld entgegengesetzt dem äußeren Feld erzeugt wird. Dieser Effekt wird jedoch am größten sein, wenn die Ebene des Ringes senkrecht zur Richtung von H_{ext} steht. Das Ergebnis ist, daß der vorherrschende Abschirmungseffekt der sein wird, welcher von dieser besonderen Orientierung des aromatischen Ringes herrührt. Nach Abb. 7.1. bedeutet dies, daß der Nettoeffekt der induzierten magnetischen Kraftlinien, die von dem Kreisstrom der π-Elektronen herrühren, innerhalb des Ringes entgegengesetzt zu H_{ext} ist, aber außerhalb des Ringes H_{ext} verstärkt. Da die aromatischen Protonen sich in dem Raumgebiet aufhalten, in dem H_{Absch} das äußere Feld H_{ext} verstärkt, erfahren sie einen entschirmenden Einfluß, m. a.

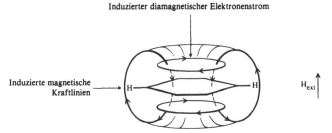

Abb. 7.1. Induzierte Kraftlinien auf Grund eines diamagnetischen Ringstroms in Benzol.

W. für das Zustandekommen der Resonanz kann der benötigte Wert von H_{ext} kleiner sein. Abb. 7.2. zeigt schematisch, daß Atomkerne innerhalb oder über bzw. unter dem aromatischen Ring relativ stärker abgeschirmt sein sollten, während Kerne außerhalb des Ringes und mehr oder weniger in der Ringebene befindliche entschirmt sein sollten.

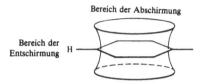

Abb. 7.2. Magnetische Anisotropie des Benzolringes.

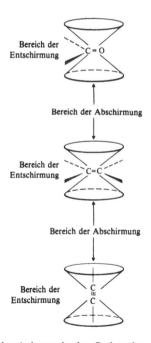

Abb. 7.3. Magnetische Anisotropie der Carbonylgruppe, der Kohlenstoff-Kohlenstoff-Doppelbindung und der Kohlenstoff-Kohlenstoff-Dreifachbindung.

Eine Eigenschaft, die mit der Richtung variiert, wird anisotrop genannt, und dieser Typ von Richtungsabhängigkeit der Abschirmung oder Entschirmung wird gewöhnlich als diamagnetische Anisotropie bezeichnet. Andere π-Elektronensysteme wie $C=O$, $C=C$ und $C\equiv C$ zeigen ebenfalls diamagnetische Anisotropie; ihre Abschirmungs-bzw. Entschirmungsgebiete werden in Abb. 7.3. schematisch gezeigt.

Die große Entschirmung des Aldehyd- und Formylwasserstoffs muß als Auswirkung sowohl des Elektronenabzugs durch die Carbonylgruppe als auch der diamagnetischen Anisotropie angesehen werden. Auf der Grundlage der Elektronegativität sollten Acetylenwasserstoffe weniger abgeschirmt als Olefinwasserstoffe sein (Acetylen ist weit mehr azid als Äthylen); der Umstand, daß sie stärker abgeschirmt sind, kann erklärt werden durch die Überkompensation des Effektes infolge diamagnetischer Anisotropie, da das Acetylenproton sich im Gebiet relativer Abschirmung befindet.

Bis jetzt haben wir nur die erwarteten chemischen Verschiebungen für Protonen betrachtet, die an ein Kohlenstoffatom gebunden sind. Die Vorhersage der Linienlage für Protonen an Sauerstoff, Stickstoff oder Schwefel ist viel schwieriger, weil sie relativ azid sind und außerdem auch Wasserstoffbrückenbindung vorliegen kann. Da das Ausmaß der Wasserstoffbrückenbindung abhängig von Konzentration, Lösungsmittel und Temperatur ist, wird die Resonanzlage von durch Wasserstoffbrücken gebundenen Protonen sehr variabel sein und stark von der Probenkonzentration, dem Lösungsmittel und der Temperatur abhängen.

Eine interessante Ausnahme findet man, wenn die Wasserstoffbrückenbindung intramolekular (also innerhalb desselben Moleküls) anstatt intermolekular (zwischen verschiedenen Molekülen) stattfindet. Z. B. liegt Acetylaceton teilweise in der Enolform vor, und die chemische Verschiebung des durch Wasserstoffbrücken gebundenen Protons ($\delta \approx 15$) ist gegen Änderungen in Konzentration, Lösungsmittel und Temperatur relativ unempfindlich.

keto   enol

Acetylaceton

Im Falle der intramolekularen Wasserstoffbrückenbindung ist die chemische Verschiebung des aziden Wasserstoffs ein Maß für die Stär-

Tab. 7.2. Chemische Verschiebung – Molekülstrukturzuordnungen für Protonen an Sauerstoff, Stickstoff und Schwefel.

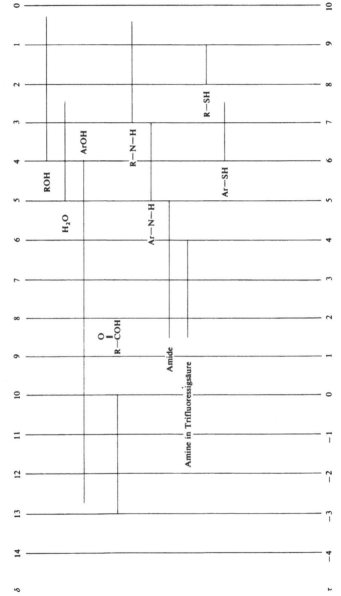

ke der Bindung. Die Enolform von Acetylaceton hat eine starke Wasserstoffbrückenbindung ($\delta \approx 15$), während die Bindungen von *o*-Hydroxyacetophenon ($\delta \approx 12$) und *o*-Hydroxybenzaldehyd ($\delta \approx 11$) etwas schwächer sind.

o-Hydroxyacetophenon   o-Hydroxybenzaldehyd

Tab. 7.2. gibt einen Überblick über Erwartungsbereiche der chemischen Verschiebung von an Sauerstoff, Stickstoff und Schwefel gebundenen Protonen.

7.2. Abhängigkeit der Kopplungskonstanten von der Molekülstruktur

Wenn man die Abhängigkeit der Kopplungskonstanten J von der Molekülstruktur diskutiert, ist es wichtig, zwischen zwei Typen von Molekülen zu unterscheiden. Der erste ist das in der Konformation bewegliche Molekül, das rasch von einer Konformation zur anderen durch Rotation um Einfachbindungen übergeht. Im Falle solcher Moleküle werden zeitlich gemittelte Kopplungskonstanten erfaßt. Die zweite Molekülart ist das konformationsstarre Molekül, das keine schnelle Konformationsisomerisierung durchmachen kann, gewöhnlich wegen seiner zyklischen Natur. Bei solchen Molekülen entsprechen die Kopplungskonstanten einer bestimmten Konformation oder Geometrie.

In den konformationsmäßig beweglichen Molekülen wird die gemittelte Kopplungskonstante J zwischen aliphatischen Protonen an benachbarten Kohlenstoffatomen gewöhnlich mit ungefähr 7 Hz beobachtet. Diese Protonen sind durch drei Einfachbindungen voneinander getrennt ($H-C-C-H$; $J \approx 7$ Hz). Das ist die Aufspaltung, die in Abb. 4.5. bis 4.10. ersichtlich ist. Protonen, die in 1,3-Stellung zueinander stehen, sind durch vier Einfachbindungen getrennt und werden nur selten miteinander koppelnd beobachtet; Kopplungskonstanten zwischen durch vier Einfachbindungen getrennten Protonen sind gewöhnlich kleiner als 0,5 Hz ($H-C-C-C-H$; $J \approx 0$). Die Kopplungskonstante zwischen aliphatischen Protonen an demselben Kohlenstoffatom, also getrennt durch zwei Einfachbindungen, variiert von 0 bis 30 Hz, abhängig vom HCH-Bindungswinkel ($H-C-H$; $J \approx 0$

Tab. 7.3. Kopplungskonstanten – Molekülstrukturzuordnungen für
Proton-Proton-Kopplungen

| | | J_{ab} (Hz) | |
		Bereich	typische Werte
(C–CH$_a$H$_b$, geminal)	(azyklisch)	0–30	12–15
H$_a$–C–C–H$_b$	(freie Rotation)	6–8	7
H$_a$–C–C–H$_b$	(starres Molekül: abhängig vom Diederwinkel)	0–12	
H$_a$–C–C–C–H$_b$		0–1	0
C=C(H$_a$)(H$_b$)		0–3	0–2
(H$_a$)C=C(H$_b$) cis	(azyklisch)	5–11	10
(H$_a$)C=C(H$_b$) trans		11–19	17
C=C(H$_a$)–C–H$_b$		4–10	7
(H$_a$)C=C–C–H$_b$		0–3	2
(H$_a$)C=C–C–H$_b$		0–3	1.5
C=CH$_a$–CH$_b$=C		9–13	10
H$_a$–C–C(=O)–H$_b$		1–3	2–3
C=C(H$_a$)–C(=O)–H$_b$		5–8	6
H$_a$–C–C≡C–H$_b$		2–3	
H$_a$–C–C≡C–C–H$_b$		2–3	
(Benzol H$_a$, H$_b$) ortho		6–10	9
meta		2–3	3
para		0–1	~0

69

bis ≈ 30 Hz). Wenn jedoch diese Protonen magnetisch äquivalent sind, ist das Aussehen des Spektrums unabhängig von dieser Kopplungskonstanten. In solchen Fällen kann also die Kopplungskonstante nicht aus dem Spektrum bestimmt werden. Bei der Vorhersage des NMR-Spektrums von Substanzen aus ihrer Molekülstruktur können die Wirkungen von durch mehr als drei Einfachbindungen getrennten Protonen im allgemeinen vernachlässigt werden.

Im Benzolring nimmt die Kopplungskonstante zwischen Ringprotonen in der Reihenfolge ortho (6 – 10 Hz) über meta (2 – 3 Hz) nach para (0 – 1 Hz) ab. Bei Olefinen ist die trans-Kopplungskonstante am größten (11 – 19 Hz), die cis-Kopplungskonstante kleiner (5 – 11 Hz) und die geminale Kopplungskonstante am kleinsten (0 – 3 Hz). Bei diesem letzten Beispiel ist vorausgesetzt, daß der Kopplungseffekt nicht durch den Raum, sondern nur durch die Bindungen zwischen den Atomen übertragen wird.

Während die gemittelte Kopplungskonstante zwischen Protonen an benachbarten Kohlenstoffatomen ungefähr 7 Hz beträgt, wie aus den NMR-Spektren von frei rotierenden Molekülen azyklischer Verbindungen bestimmt wurde, hängt sie bei konformationsstarren Molekülen stark vom Diederwinkel ab, wie aus den Spektren zyklischer Verbindungen entnommen worden ist.

Tab. 7.3. stellt Beziehungen zwischen Proton-Proton-Kopplungskonstanten und Molekülstruktur für einige häufig anzutreffende Strukturbestandteile zusammen.

7.3. Protonenresonanzspektren von Verbindungen mit bekannter Struktur

Einer der besten Wege, in der Deutung von NMR-Spektren von Substanzen unbekannter Struktur geübt zu werden, ist das Vertrautwerden mit den Spektren von Substanzen bekannter Struktur und das Verständnis dafür, warum die Spektren so aussehen, wie sie es tun. Protonenresonanzspektren einer Reihe von Verbindungen bekannter Struktur sind mit Einzelheiten in früheren Kapiteln behandelt worden. In diesem Abschnitt wollen wir die Spektren von einigen weiteren Verbindungen bekannter Struktur analysieren. Diese Verbindungen sind etwas mehr repräsentativ für die Mannigfaltigkeit von Substanzen, denen man üblicherweise in einem Einführungskurs der organischen Chemie begegnet.

Äthylacetat

$$CH_3-\overset{\overset{\displaystyle O}{\|}}{C}-O-CH_2CH_3$$

Das Spektrum von Äthylacetat (Abb. 7.4.) zeigt ein scharfes Singulett und eine deutliche Äthylresonanz, die aus einem 1:3:3:1-Quartett und einem 1:2:1-Triplett besteht. Das Integral würde zeigen, daß die relativen Intensitäten von Quartett und Triplett sich verhalten wie 2:3 und daß die Intensität des Singuletts gleich der des Tripletts ist. Das Singulett gehört zu der an die C=O-Gruppe gebundenen Methylgruppe und die Äthylresonanz zu der an das Sauerstoffatom gebundenen Äthylgruppe. Man achte darauf, daß die Linien des Tripletts und Quartetts eine aufeinander zu verlaufende Abdachung aufweisen. Diese Abdachung dient häufig als brauchbarer Anhaltspunkt dafür, welche Multipletts zu demselben Spinsystem gehören.

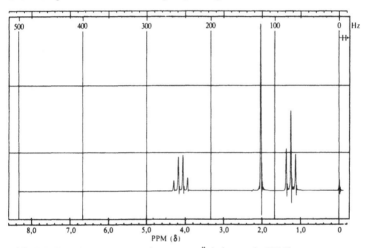

Abb. 7.4. Protonenresonanzspektrum von Äthylacetat in $CDCl_3$.

Propionsäuremethylester

$$CH_3-O-\overset{\overset{\displaystyle O}{\|}}{C}-CH_2CH_3$$

Das Spektrum des Propionsäuremethylesters (Abb. 7.5.) ist dem des isomeren Äthylacetats ähnlich. Es besteht aus einem scharfen Singulett und einer etwas verzerrten Äthylresonanz. Im Propionsäuremethylester ist aber die Methylgruppe an das Sauerstoffatom und die Äthylgruppe an die C=O-Gruppe gebunden im Gegensatz zu den um-

71

gekehrten Verhältnissen in Äthylacetat. Dieser Strukturunterschied spiegelt sich klar in der unterschiedlichen chemischen Verschiebung des Methylsinguletts in den beiden Spektren: Wenn die Methylgruppe an das Sauerstoffatom gebunden ist (Propionsäuremethylester), ist sie viel weniger abgeschirmt, als wenn sie an die C = O-Gruppe (Äthylacetat) gebunden ist. In ähnlicher Weise ist die Methylengruppe viel weniger abgeschirmt, wenn an den Sauerstoff gebunden (Äthylacetat), als wenn gebunden an C = O (Propionsäuremethylester). Solche Unterschiede werden ganz allgemein beobachtet und sind in Tab. 7.1. zusammengestellt. Wieder zeigen das Methylenquartett und das Methyltriplett den gegeneinander gerichteten Abdachungseffekt. Trotz der beträchtlichen Ähnlichkeit der Linienaufspaltungen in den beiden Spektren läßt sich leicht ermitteln, welches zu welchem Isomeren gehört.

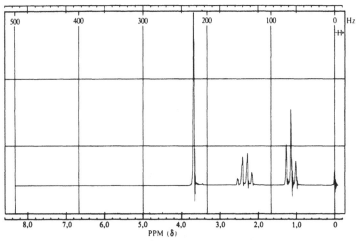

Abb. 7.5. Protonenresonanzspektrum von Propionsäuremethylester in CDCl₃.

Propionsäurevinylester

Das Spektrum von Propionsäurevinylester (Abb. 7.6.) weist eine leicht verzerrte Äthylresonanz ähnlich der von Propionsäuremethylester und eine sehr deutliche Vinylresonanz 1. Ordnung auf, die aus drei Paaren von Dubletts besteht. Die Vinylresonanz dieser Verbin-

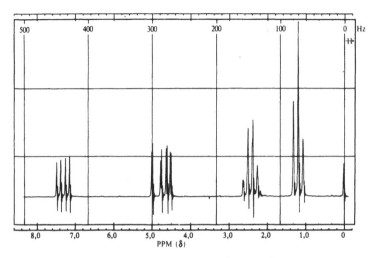

Abb. 7.6. Protonenresonanzspektrum von Propionsäurevinylester in CDCl₃.

dung ähnelt sehr der von *p*-Chlorstyrol (Abb. 4.11.) Wie früher in Abb. 4.12. angegeben wurde, wird die Stärke der Kopplung eines Protons in einer Vinylgruppe zu jedem seiner Nachbarn durch den Abstand der Linien 1 und 2 bzw. 1 und 3 des Dublettpaares gegeben. Demnach koppelt in *p*-Chlorstyrol das Proton, dessen Resonanz bei δ = 6,6 liegt, zu seinen Nachbarn mit J = 18 Hz und J = 12 Hz, das Proton mit Resonanz bei δ = 5,6 mit J = 18 Hz und J = 1 Hz und das Proton mit Resonanz bei δ = 5,2 mit J = 12 Hz und J = 1 Hz. Berücksichtigt man jetzt die Korrelationen zwischen Molekülstruktur und Kopplungskonstante, wie sie in Tab. 7.3. niedergelegt sind, dann ist es möglich, die drei Dublettpaare den drei Vinylprotonen zuzuordnen: Die Resonanz von H_A muß bei δ = 6,6 erscheinen, weil sie erwartungsgemäß eine Aufspaltung infolge von Kopplungen mit ≈ 17 Hz und ≈ 10 Hz zeigt; die Resonanz von H_B muß bei δ = 5,6 liegen, weil sie erwartungsgemäß Aufspaltungen mit ≈ 17 Hz und $\approx 0-2$ Hz aufweist; und die Resonanz von H_X muß bei δ = 5,5 liegen, weil sie erwartungsgemäß Aufspaltungen mit ≈ 10 Hz und $\approx 0-2$ Hz zeigt.

Wenn man eine ähnliche Analyse auf die Vinylresonanz von Propionsäurevinylester anwendet, dann findet man die Resonanz des geminal zu dem Sauerstoff stehenden Protons bei δ = 7,3, die des zum Sauerstoff cis stehenden bei δ = 4,85 und die des zum Sauerstoff trans stehenden bei $\delta = 4,55$. Es muß allerdings darauf verwiesen werden, daß typische Vinylresonanzen viel mehr verzerrt sind als diese und häufig wegen zufälligen Zusammenfallens aus weniger als 12 Linien zu bestehen scheinen. Oft werden, wenn die Unterschiede in den chemischen Verschiebungen klein sind, komplexe Spektren beobachtet; das Spektrum von Acrylnitril (Abb. 5.7.) ist ein Beispiel dafür.

Ameisensäure-n-propylester

$$\underset{\textstyle H-C-O-CH_2-CH_2-CH_3}{\overset{\textstyle O}{\overset{\textstyle \|}{}}}$$

Das Spektrum von Ameisensäure-*n*-propylester (Abb. 7.7.) kann interpretiert werden, indem man das Singulett bei $\delta = 8,1$ dem Formylproton, das Triplett bei $\delta = 4,1$ der an den Sauerstoff gebundenen Methylengruppe, das Triplett bei $\delta = 1,0$ der Methylgruppe und schließlich das Multiplett bei $\delta = 1,7$ der mittleren Methylengruppe zuordnet. Das Methyltriplett ist etwas verzerrt, weil der Unterschied der chemischen Verschiebungen der Protonen der Methyl- und der benachbarten Methylengruppe, die miteinander koppeln, nicht sehr groß ist. Das schwache Triplett bei $\delta = 3,6$ rührt vermutlich eher von einer Verunreinigung als von einem Rotationsseitenband (siehe Abschnitt 9.1.) her, weil es zu stark ist und am falschen Platz für die benutzte Röhrchenrotation von 48 Hz liegt.

Benzoesäureisopropylester

Das Spektrum von Isopropylchlorid besteht nach Ausweis der Abb. 4.9. aus einem Dublett für die Methylprotonen und einem Multiplett 1. Ordnung für das Methinproton. Im Spektrum von Benzoesäureisopropylester (Abb. 7.8.) liegt das Methinseptett bei $\delta = 5,3$ und das Methyldublett bei $\delta = 1,3$. Bei der verwendeten Spektrenamplitude werden die äußeren beiden Linien des Septetts leicht übersehen. Wie bei Acetophenon (Abb. 6.4.) sind die beiden zu der Elektronen abziehenden Carbonylgruppe orthostähdigen Protonen weniger abgeschirmt als die Meta- und Para-Protonen.

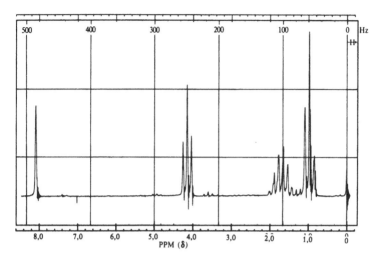

Abb. 7.7. Protonenresonanzspektrum von Ameisensäure-*n*-propylester in CDCl₃.

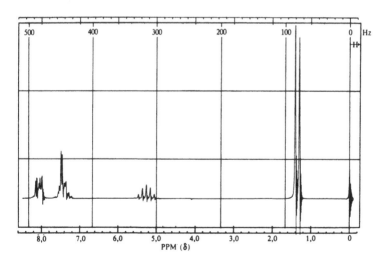

Abb. 7.8. Protonenresonanzspektrum von Benzoesäureisopropylester in CDCl₃.

75

Bis jetzt haben wir gesehen, daß eine isolierte Methylgruppe immer als ein Singulett und eine isolierte Äthylgruppe als ein 1:3:3:1-Quartett und ein 1:2:1-Triplett erscheint. Die Äthylresonanz kann jedoch etwas verzerrt sein, es sei denn, das Atom, an welches die Methylengruppe gebunden ist, zieht einigermaßen Elektronen ab, so daß der Unterschied der chemischen Verschiebungen der Methylen- und Methylprotonen groß ist. Beispiele mit einer isolierten Propyl- und Isopropylgruppe sind in Abb. 7.7. und 7.8. gezeigt worden. Wieder muß jedoch das Atom, an das die Alkylgruppe gebunden ist, ziemlich elektronegativ sein, oder das Aufspaltungsbild wird viel mehr verzerrt als in diesen beiden Spektren.

Wir wollen uns nunmehr Beispiele für die Resonanzen der vier isomeren Butylgruppen anschauen.

n-Butylchlorid $Cl-CH_2CH_2CH_2CH_3$

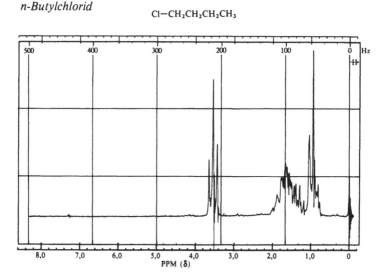

Abb. 7.9. Protonenresonanzspektrum von *n*-Butylchlorid in CDCl$_3$.

Abb. 7.9. zeigt das Spektrum von *n*-Butylchlorid. Die Methylengruppe, an die das elektronegative Chlor gebunden ist, gibt ein deutliches 1:2:1-Triplett bei $\delta = 3,55$, und die Methylgruppe erscheint als sehr verzerrtes Triplett bei $\delta = 0,9$, weil die Protonen der benachbarten Methylengruppe, mit welchen die Methylprotonen koppeln, eine ähnliche chemische Verschiebung haben. Die Resonanz der beiden mittleren Methylengruppen tritt als komplexes Multiplett bei $\delta = 1,7$ auf.

Isobutylchlorid

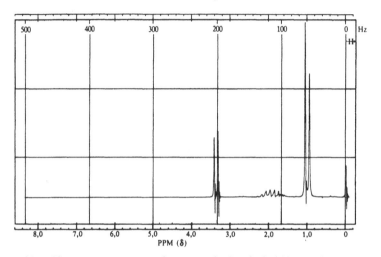

Abb. 7.10. Protonenresonanzspektrum von *iso*-Butylchlorid in CDCl₃.

Abb. 7.10. zeigt das Spektrum von Isobutylchlorid. Die Methylen-protonen erscheinen als ein Dublett bei $\delta = 3,35$ infolge Kopplung mit ihrem Nachbarn, und die sechs Methylprotonen erscheinen aus dem-selben Grund als ein Dublett bei $\delta = 1,0$. Das Methinproton zeigt sich infolge leicht verschiedener Kopplungen mit seinen sechs bzw. zwei Nachbarprotonen als ein schwaches, komplexes Multiplett bei $\delta = 2$.

sec-Butylchlorid

Das Spektrum von *sec*-Butylchlorid wird in Abb. 7.11. gezeigt. Das Methinproton erscheint als Folge im wesentlichen gleicher Koppelung zu den Methyl- und den Methylenprotonen an den benachbarten Koh-

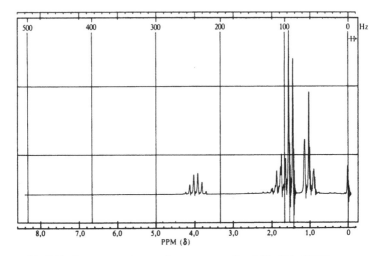

Abb. 7.11. Protonenresonanzspektrum von *sec*-Butylchlorid in CDCl₃.

lenstoffatomen als reguläres Sextett bei δ = 4,0. Die Methylgruppe in Nachbarschaft zu dem Methinproton zeigt sich als Dublett bei δ = 1,5 und die Methylgruppe neben der Methylengruppe als ein verzerrtes Triplett bei δ = 1,0. Das Multiplett bei δ = 1,8 rührt von den Methylenprotonen her, die sowohl mit dem Methinproton als auch mit der Methylengruppe bei δ = 1,0 koppeln.

tert-Butylchlorid

$$\begin{array}{c} CH_3 \\ | \\ Cl-C-CH_3 \\ | \\ CH_3 \end{array}$$

Das Spektrum von *tert*-Butylchlorid ist in Abb. 7.12. enthalten. Es besteht aus nur einer Linie, weil die drei Methylgruppen wegen der Molekülsymmetrie dieselbe chemische Verschiebung haben müssen.

Wieder ist es wichtig, sich zu vergegenwärtigen, daß, wenn Alkylgruppen an schwächer Elektronen abziehende Atome oder Gruppen gebunden sind, die Linienaufspaltung mehr verzerrt wird als in den Spektren, die wir als Beispiele angesehen haben.

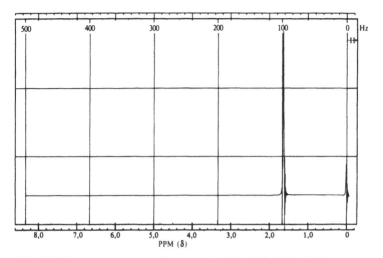

Abb. 7.12. Protonenresonanzspektrum von *tert*-Butylchlorid in CDCl₃.

p-Äthoxyacetanilid

Abb. 7.13. zeigt das Spektrum von *p*-Äthoxyacetanilid oder Phenacetin (diese Verbindung wird als Analgetikum und Antipyretikum benutzt). Die Resonanz mit Schwerpunkt bei $\delta = 7{,}1$ ist typisch für unsymmetrisch *p*-disubstituierte Benzolderivate. Das Spektrum von 1-
Brom-4-chlorbenzol (Abb. 6.1.) ist ein weiteres Beispiel dafür. Die Resonanz der isolierten Methylgruppe in der Acetylgruppe erscheint als
ein scharfes Singulett bei $\delta = 2{,}1$, und die an den Sauerstoff gebundene Äthylgruppe ergibt eine klare Äthylresonanz bei $\delta = 3{,}95$ und $\delta =
1{,}35$. Das Amidproton gibt Anlaß zu einer breiten Linie bei $\delta = 8{,}3$.
An Stickstoff gebundene Protonen erscheinen typischerweise als ziemlich breite, flache Banden und können leicht übersehen werden.
Manchmal läßt sich die Lage der Resonanz von an Stickstoff gebundenen Protonen leichter aus dem Integral des Spektrums entnehmen.

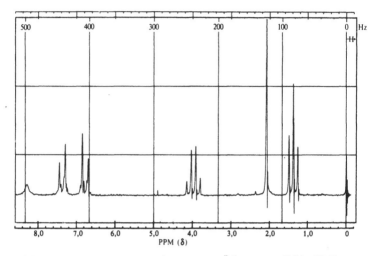

Abb. 7.13. Protonenresonanzspektrum von *p*-Äthoxyacetanilid in CDCl₃.

p-Aminobenzoesäureäthylester

Das Spektrum von *p*-Aminobenzoesäureäthylester wird in Abb. 7.14. gezeigt. Diese Verbindung, auch Benzocain genannt, wird häufig als Lokalanästhetikum verwendet. Wiederum ist die mit Schwerpunkt bei $\delta = 7{,}2$ liegende Resonanz verträglich mit einem unsymmetrisch *p*-disubstituierten Benzolabkömmling, und das Quartett und Triplett sind charakteristisch für eine an ein elektronegatives Atom gebundene Äthylgruppe. Die Resonanz der Aminprotonen ist nicht unmittelbar zu sehen, aber ein genauerer Blick auf das Methylenquartett führt zu dem Schluß, daß die Aminresonanz als breite Linie bei $\delta = 4{,}2$ unter der rechten Hälfte des Methylenquartetts liegen muß. Die Analyse des Integrals des Spektrums bestätigt diese Interpretation: Das Integral des Multipletts bei $\delta = 4{,}3$ ist gleich dem Integral der aromatischen Protonen; es muß daher von vier Protonen herrühren und nicht nur von den beiden Methylenprotonen. Die kleine Linie bei $\delta = 7{,}3$ ist auf eine Spur CHCl₃ im Lösungsmittel CDCl₃ zurückzuführen.

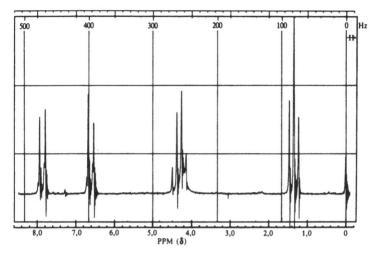

Abb. 7.14. Protonenresonanzspektrum von *p*-Aminobenzoesäureäthylester in CDCl₃.

Acetylsalicylsäure

Das Spektrum von Acetylsalicylsäure oder Aspirin, einem anderen Analgetikum, wird in Abb. 7.15. gezeigt. Die Resonanz der an die C=O-Gruppe gebundenen Methylgruppe tritt als Singulett bei δ = 2,4 auf. Das OH-Proton ist in dieser Verbindung entschirmt, weil es an einer intramolekularen Wasserstoffbrückenbindung beteiligt ist; seine Resonanz findet sich in einer breiten Linie bei δ = 11,7. Die vier aromatischen Protonen haben unterschiedliche chemische Verschiebungen; ihre Resonanzen treten als komplexes Multiplett zwischen δ = 7,0 und δ = 8,2 auf.

Salicylsäuremethylester

81

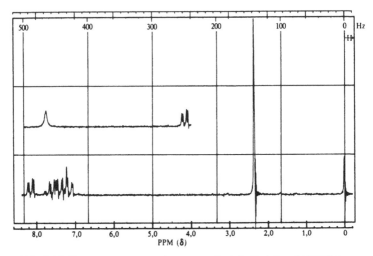

Abb. 7.15. Protonenresonanzspektrum von Acetylsalicylsäure in CDCl₃; Offset = 4 ppm.

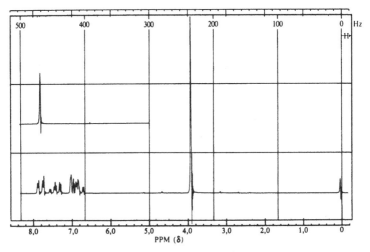

Abb. 7.16. Protonenresonanzspektrum von Salicylsäuremethylester in CDCl₃; Offset = 3 ppm.

82

Das Spektrum von Salicylsäuremethylester wird in Abb. 7.16. abgebildet. In diesem Derivat der Salicylsäure erscheint das Methylsingulett bei $\delta = 3{,}9$, was mit seiner Bindung an einen Sauerstoff anstatt an eine $C = O$-Gruppe wie in Acetylsalicylsäure verträglich ist; das Proton des phenolischen OH tritt als scharfes Singulett bei $\delta = 11{,}9$ auf. Die Resonanz der aromatischen Protonen ähnelt der der aromatischen Protonen von Acetylsalicylsäure. In diesen beiden unsymmetrisch o-disubstituierten Benzolderivaten ist die Resonanz der aromatischen Protonen unsymmetrisch. Das steht in Gegensatz zur Resonanz von o-Dichlorbenzol (Abb. 6.2.) und anderen symmetrisch o-disubstituierten Benzolabkömmlingen, für welche die Resonanz der aromatischen Protonen symmetrisch, wenn auch komplex ist.

N,N-Diäthyl-m-toluamid

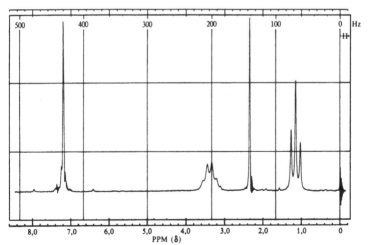

Das Spektrum von N,N-Diäthyl-*m*-toluamid ist in Abb. 7.17. enthalten. Die Resonanz für die aromatische Methylgruppe erscheint wie erwartet als scharfes Singulett bei $\delta = 2{,}3$. Das Quartett und Triplett

Abb. 7.17. Protonenresonanzspektrum von *N,N*-Diäthyl-*m*-toluamid in CDCl₃.

83

für die Äthylgruppe treten zwar in ihrer normalen Lage auf, jedoch sind ihre Linien unerwartet breit. Der Grund für die Verbreiterung kann nicht ohne Zuhilfenahme weiterer Spektren bei verschiedenen Konzentrationen, Lösungsmitteln und Temperaturen herausgefunden werden. Obwohl grundsätzlich alle vier aromatischen Protonen unterschiedliche Abschirmung erfahren und eine komplexe Resonanz gesehen werden sollte, zeigt das Aussehen der aromatischen Resonanz, daß die tatsächlichen Unterschiede in der chemischen Verschiebung sehr klein sein müssen. Die Lage ist ähnlich wie im Fall von Toluol (Abb. 6.5.) und auch im Falle des p-Chlorstyrols (Abb. 4.11.). Die kleine Linie auf der rechten Seite des Methylenquartetts ist ein Rotationsseitenband (siehe Abschn. 9.1.), und das gilt auch für die schwachen Linien bei $\delta = 7,95$, $6,45$ und $1,65$.

2,4-Dichlorphenoxyessigsäure

Das Spektrum von 2,4-Dichlorphenoxyessigsäure, oft 2,4-D genannt, wird in Abb. 7.18. gezeigt. Die Resonanz des OH-Protons erscheint als verbreitertes Singulett bei $\delta = 10$, die Resonanz der Methylengruppe als scharfes Singulett bei $\delta = 4,75$, was einigermaßen mit dem Wert übereinstimmt, den man gemäß Tab. 3.1. erwartet: 1,55 + 3,23 + 0,23 = 5,01. Das Aussehen der Resonanz der aromatischen Protonen ist der von 2,4-Dinitrochlorbenzol (Abb. 4.15.) ähnlich, einem anderen 1,2,4-trisubstituierten Benzolderivat. Mit Hilfe der Tab. 7.3. ist es möglich zu bestimmen, welche Linien zu jedem der drei aromatischen Protonen gehören. Das Proton in 6-Stellung muß zu dem weit aufgespalten Dublett bei $\delta = 6,8$ gehören, weil wir erwarten müssen, eine Aufspaltung allein durch Kopplung mit dem ortho-ständigen Proton in 5-Stellung ($J \approx 9$ Hz) zu sehen. Das Proton in 3-Stellung muß dem schwach aufgespalten Dublett bei $\delta = 7,4$ entsprechen, weil wir nur eine Aufspaltung mit dem meta-ständigen Proton in 5-Stellung ($J \approx 3$ Hz) erwarten können. Dann muß das Proton in 5-Stellung zu dem Paar von Dubletts bei $\delta = 7,2$ gehören, weil wir nur bei ihm eine Aufspaltung durch die beiden anderen Protonen ($J \approx$ 9 Hz und $J \approx$ 3 Hz) zu erwarten haben.

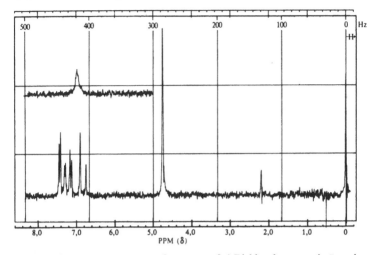

Abb. 7.18 Protonenresonanzspektrum von 2,4-Dichlorphenoxyessigsäure in CDCl₃; Offset = 3 ppm.

Das scharfe Singulett bei δ = 2,2 muß von einer Verunreinigung herrühren, weil das Integral seine Intensität kleiner als die des OH-Protons zeigt, das nur einem Proton entspricht. Eine sehr naheliegende Möglichkeit dafür ist Aceton: Seine Resonanz erscheint bei diesem Wert der chemischen Verschiebung, und es war zur Reinigung des Probenröhrchens benutzt worden. Da 2,4-Dichlorphenoxyessigsäure nur schwach löslich ist, mußte eine verdünnte Lösung benutzt und das Spektrum bei höherer Verstärkung aufgenommen werden als bei den anderen Beispielen, wie man aus dem Rauschen der Grundlinie ersehen kann. Unter diesen Bedingungen ist es besonders wahrscheinlich, daß man Verunreinigungen der Lösungsmittel und Probenröhrchen zu sehen bekommt.

Vanillin

85

Abb. 7.19. zeigt das Spektrum von Vanillin, dem Hauptinhaltsstoff eines Vanilleextraktes. Die Resonanz der an Sauerstoff gebundenen Methylgruppe tritt bei δ = 3,95 auf, und das vom Aldehydproton herrührende Singulett erscheint bei δ = 9,9. Die Anwesenheit einer Resonanz bei δ = 9,8 bis 10 ist für Aldehyde sehr charakteristisch. Da Vanillin ebenfalls ein 1,2,4-trisubstituierter Aromat ist, möchte man annehmen, daß die Resonanz der aromatischen Protonen im Aussehen der von 2,4-Dichlorphenoxyessigsäure (Abb. 7.18.) und 2,4-Dinitrochlorbenzol (Abb. 4.15.) ähnlich ist. Offensichtlich ist die Differenz der chemischen Verschiebungen der beiden para zueinander stehenden Protonen ziemlich klein, was zu dem komplexeren Multiplett bei δ = 7,45 führt. Die OH-Resonanz liegt bei δ = 7,0 unter der rechten Linie des Dubletts, das von dem Proton para zur Methoxygruppe herrührt. Augenscheinlich ist eine intramolekulare Wasserstoffbrückenbindung, an der ein Äthersauerstoff beteiligt ist, ziemlich schwach, da die OH-Resonanz von Vanillin bei höherem Feld als die in Acetylsalicylsäure und Salicylsäuremethylester erscheint (siehe Abschnitt 7.1.).

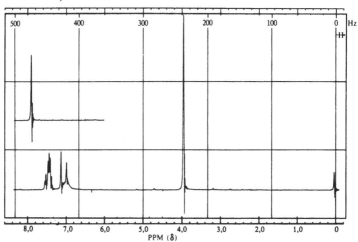

Abb. 7.19. Protonenresonanzspektrum von Vanillin in $CDCl_3$;
Offset = 2 ppm.

Coffein

Das Spektrum von Coffein ist in Abb. 7.20. zu sehen. Für diese Substanz erscheinen die drei strukturell unterschiedenen, an Stickstoff gebundenen Methylgruppen bei ein wenig verschiedenen chemischen Verschiebungen in der Gegend von δ = 3,4 bis 4,0. Das Vinylproton ist als Singulett bei δ = 7,55 zu erkennen.

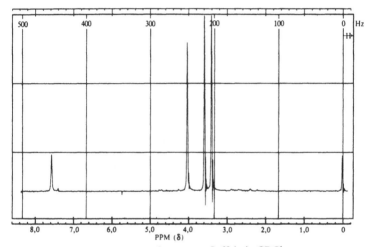

Abb. 7.20. Protonenresonanzspektrum von Coffein in $CDCl_3$.

Auf dieser Grundlage sind wir jetzt imstande, die Interpretation der NMR-Spektren von zwei Substanzen unbekannter Struktur vorzunehmen.

7.4. Interpretation des Protonenresonanzspektrums einer unbekannten Substanz

In diesem Abschnitt wollen wir besprechen, wie man die Aufgabe anpackt, die Molekülstruktur einer Substanz aus ihrem NMR-Spektrum abzuleiten. Obwohl im allgemeinen Informationen zusätzlich zum NMR-Spektrum erhältlich sind, wollen wir mit dem Versuch beginnen, so viel Information wie möglich aus dem NMR-Spektrum allein zu entnehmen. Wenn dazu noch die Bruttoformel bekannt ist, kann man in günstigen Fällen die Molekülstruktur einer unbekannten Substanz mit völliger Sicherheit ableiten und zwar ohne Vergleich des Spektrums der unbekannten Substanz mit dem Spektrum einer authentischen Probe. Eine vergleichbare Identifizierung kann nur selten durch Anwendung der IR- oder UV-Spektroskopie allein erzielt werden.

Der allgemeine Weg zur Bestimmung der Molekülstruktur einer Substanz aus ihrem NMR-Spektrum ist die Betrachtung der drei in Kap. 3 beschriebenen Aspekte des Spektrums: chemische Verschiebung, Integral und Linienaufspaltung. Aus der Zahl der Resonanzen bei verschiedenen chemischen Verschiebungen kann man erfahren, wieviel Protonensätze in unterschiedlicher chemischer Umgebung es in dem Molekül gibt. Aus dem Integral erhält man die relative Protonenzahl in jedem Satz und aus der Aufspaltung Information über die strukturellen und geometrischen Beziehungen der Protonen. Aus den Beziehungen zwischen chemischer Verschiebung und Molekülstruktur sowie zwischen Kopplungskonstanten und Molekülstruktur läßt sich die Struktur der Molekülteile ableiten, die für die verschiedenen spektralen Merkmale verantwortlich sind. Diese Fragmente können dann zur Strukturformel zusammengesetzt werden unter Berücksichtigung von Bindungserfordernissen und jeder anderen Information, die über die Substanz erhältlich ist.

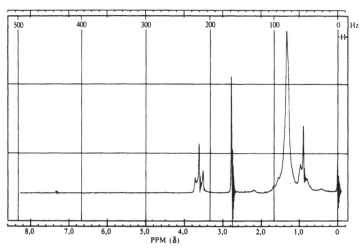

Abb. 7.21. Protonenresonanzspektrum von 1-Octanol in CDCl$_3$ mit Zusatz einer Spur von HCl.

Während wir bisher das Auftreten von Linien bei bestimmten Werten der chemischen Verschiebung besonders betont haben, erlaubt gewöhnlich die Feststellung, daß Linien in bestimmten Teilen des Spektrums fehlen, ganze Verbindungsklassen auszuschließen. Zum Beispiel schließt das Fehlen einer Absorption oberhalb von $\delta = 10$ Carbonsäuren aus, ebenso wie das Fehlen einer Absorption im Bereich von $\delta = 6$ bis 9 Aromaten ausschließt. Wenn keine Linie bei höherem Wert als $\delta = 4$ erscheint, abgesehen von solchen, die carboxylischen oder aldehydischen Protonen zuordenbar sind, ist die Verbindung fast mit Sicherheit ein gesättigter Aliphat.

Als Beispiel betrachten wir das Spektrum der Abb. 7.21. Obwohl dieses Spektrum nicht annähernd so gut aussieht, wie die bislang betrachteten, enthält es dennoch eine Menge Informationen. Da das ganze Spektrum zwischen $\delta = 0,8$ und $\delta = 3,8$ liegt, kann die Substanz keine olefinischen oder aromatischen Protonen enthalten. Das stark verzerrte Triplett bei $\delta = 0,8$ ist charakteristisch für eine Methylgruppe, die zu einer Methylengruppe benachbart ist und am Ende einer mäßig langen aliphatischen Kette steht. Das verzerrte Triplett bei $\delta = 3,6$ muß zwei Protonen an einem Kohlenstoffatom entsprechen, das die funktionelle Gruppe trägt und aller Wahrscheinlichkeit nach durch die Protonen am nächsten Kohlenstoff, also eine zweite Methylengruppe, aufgespalten wird. Dieses Triplett muß zwei Protonen entsprechen, auf keinen Fall drei (der Kohlenstoff, der diese Protonen trägt, muß mindestens zwei andere, an ihn gebundene Gruppen haben: die funktionelle Gruppe und den Rest des Moleküls), und es kann auch nicht einem Proton entsprechen (denn dann müßte es ein zweites Kettenende geben, und es gibt im Spektrum keinen Hinweis auf eine andere endständige Methylgruppe). So sind die Teilstrukturen $X - CH_2 - CH_2 -$ und $- CH_2 - CH_3$ festgestellt, und die Teilstruktur $X - CH -$ ist ausgeschlossen. Eine Struktur wie zum Beispiel $X - CH_2 - (CH_2)_n - CH_3$ beinhaltet diese Strukturmerkmale und kann auch für die breite Resonanz bei $\delta = 1,3$ als der Resonanz der n Methylengruppen verantwortlich sein, die alle eine sehr ähnliche chemische Verschiebung haben sollten. Die funktionelle Gruppe X muß für das scharfe Singulett bei $\delta = 2,8$ verantwortlich sein. Es bleiben zwei Fragen: Wie groß ist n und was ist X? Wenn wir akzeptieren, daß das Integral des Tripletts bei $\delta = 3,6$ zwei Protonen entspricht, dann entspricht das Integral zwischen $\delta = 2,4$ und $\delta = 0,1$ 15,5 Protonen (Abb. 7.22.). Nach Subtraktion von drei Methylprotonen verbleiben 12,5, und da die Zahl der Protonen in n Methylengruppen gerade sein muß, ist 12 die beste Annahme, d. h. n muß dann 6 sein. Die Unbekannte scheint ein in 1-Stellung substituiertes Derivat von *n*-Octan zu sein, $X - CH_2CH_2CH_2CH_2CH_2CH_2CH_2CH_3$, worin X für das Einprotonensingulett bei $\delta = 2,8$ verantwortlich sein muß.

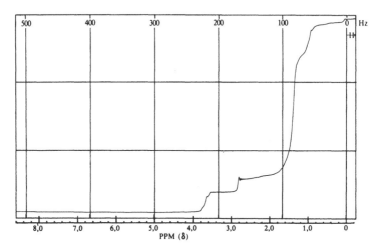

Abb. 7.22. Integral des Spektrums von Abb. 7.21.

Es liegt aus zwei Gründen näher, $X =$ OH anstatt eines Aldehyd- oder Carboxylprotons vorzuschlagen. Der erste Grund ist, daß eine chemische Verschiebung $\delta = 2,8$ mit diesen beiden Annahmen völlig unverträglich ist. Der zweite ist, daß $R - CH_2 -$ in Nachbarschaft zu einem Sauerstoff erwartungsgemäß bei $\delta = 3,6$, in Nachbarschaft zu $C = O$ nahe $\delta = 2,4$ erscheinen sollte. Natürlich könnte das IR-Spektrum diese Frage genau so gut beantworten. Das Spektrum muß also als verträglich mit der Struktur 1-Octanol, $HO - CH_2CH_2CH_2CH_2CH_2CH_2CH_2CH_3$, angesehen werden.

Obgleich das OH-Proton nur drei Bindungen von den Methylenprotonen seines Nachbarn entfernt ist, zeigt es keine Aufspaltung. Das rührt davon her, daß die Austauschgeschwindigkeit von OH-Protonen zwischen Alkoholmolekülen (intermolekularer Austausch) groß ist und den Beitrag der benachbarten Methylenprotonen zu dem Feld am Ort des OH-Protons für alle OH-Gruppen zeitlich zu Null herausmittelt. In entsprechender Weise bleiben aus demselben Grund die Methylenprotonen am die OH-Gruppe tragenden Kohlenstoff durch das OH-Proton unaufgespalten. Tatsächlich wurde der Probe eine Spur einer Säure zugesetzt, um sicherzustellen, daß die $H - O - CH_2-$

90

Kopplung durch genügend schnellen säure-katalysierten intermolekularen Austausch zu Null gemittelt wird.

Die Anwesenheit von Hydroxyl-, Amin-, Carboxyl- oder anderen leicht austauschbaren Protonen kann noch auf einem anderen Weg festgestellt oder bestätigt werden. Wenn das Spektrum ursprünglich in einem Lösungsmittel wie $CDCl_3$ oder CCl_4 aufgenommen wurde, wird es erneut nach Zusatz von einem oder zwei Tropfen D_2O nach kräftigem Schütteln aufgenommen, nachdem man dem Wasser Zeit gelassen hat, in der Probe nach oben zu steigen. Austauschbare Protonen werden weitgehend durch Deuterium ersetzt sein und sich in der Neuaufnahme nicht bemerkbar machen, weil sie sich in der Wasserschicht befinden, die sich oberhalb des Meßvolumens des Instrumentendetektors angesammelt hat. Wenn man diese Prozedur mit der Probe 1-Octanol vornimmt, die zur Gewinnung der Abb. 7.21. benutzt wurde, erhält man das in Abb. 7.23. gezeigte Spektrum. Die Linie bei $\delta = 2,8$ ist im wesentlichen verschwunden. Die kleine neue Linie bei $\delta = 4,6$ rührt von den Protonen in HOD her, das in der Probenlösung gelöst oder suspendiert ist.

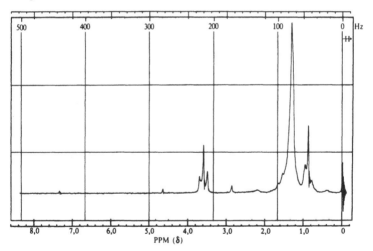

Abb. 7.23. Protonenresonanzspektrum von 1-Octanol in $CDCl_3$ mit Zusatz einer Spur HCl und von D_2O.

Als letztes Beispiel betrachten wir das in Abb. 7.24. gezeigte Spektrum. Wieder ist es kein so hübsches Spektrum, wie wir sie früher angesehen haben, aber es kann noch viel Information über die Struktur

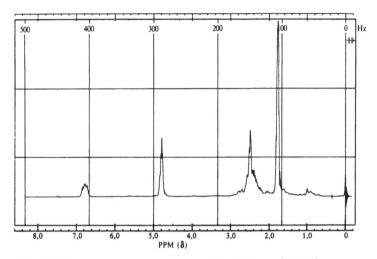

Abb. 7.24. Protonenresonanzspektrum von R-(−)-Carvon in CDCl₃.

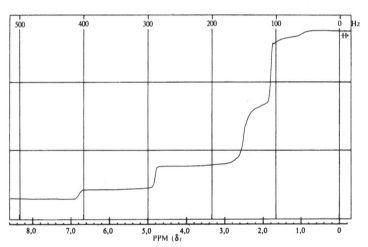

Abb. 7.25. Integral des Spektrums von Abb. 7.24.

der Verbindung liefern. Erstens enthält die Verbindung keine aromatischen Protonen: Das Aufspaltungsbild des kleinen Multipletts bei δ = 3,8 mit der relativen Fläche 1 ist vielmehr für ein olefinisches als für ein aromatisches Proton charakteristisch. Zweitens muß jede Methyl-

92

gruppe in dem Molekül an einen ungesättigten Kohlenstoff gebunden sein: Methylgruppen an gesättigten Kohlenstoffen würden sich in der Nähe von $\delta = 1$ zeigen (aufgespalten außer bei tert-Butylgruppen), und Methylgruppen an O, N oder C = O würden als scharfe Singuletts bei einer chemischen Verschiebung oberhalb von 2 erscheinen. Die schwach aufgespaltene Linie bei $\delta = 1,8$ ist verträglich mit einer Methylgruppe an einem ungesättigten Kohlenstoff, mit einer Aufspaltung, die von der Kopplung zu olefinischen Protonen herrührt. Wenn man weiter annimmt, daß das Multiplett mit der relativen Fläche 2 bei $\delta = 4,8$ ebenfalls von olefinischen Protonen herrührt, zeigt das Integral (Abb. 7.25.), daß das Verhältnis von olefinischen zu aliphatischen Protonen 3 zu 11 ist, bei einer Gesamtsumme von 14. Wenn die Verbindung nur Kohlenstoff, Wasserstoff und Sauerstoff (oder eine gerade Anzahl von Stickstoffatomen) enthält, muß die Gesamtzahl der Protonen gerade sein. Wenn die Resonanz bei $\delta = 1,8$ zu Methylprotonen gehört, muß sie 3, 6 oder 9 Protonen entsprechen; das Integral ist am besten mit dem Wert 6 verträglich. Zusammengefaßt: das Spektrum ist verträglich mit der Anwesenheit von drei olefinischen Protonen, zwei an C = C gebundenen Methylgruppen und fünf anderen, relativ entschirmten aliphatischen Protonen. Die Probe war tatsächlich R-(−)-Carvon.

Aufgaben zu 7.

7.1. Beschreibe, wie man die Mitglieder der folgenden Paare von Struktur- oder Stereoisomeren mit Hilfe ihres NMR-Spektrums unterscheiden kann! (Sage das Aussehen des Protonenresonanzspektrums für jedes Isomere vorher und zeige dann die Unterschiede auf!).

a) $N\equiv C-CH_2CH_2-C\equiv N$ und $CH_3-\overset{\displaystyle C\equiv N}{\underset{\displaystyle C\equiv N}{C}}-H$

b) $CH_3-O-\overset{\displaystyle O}{\overset{\|}{C}}-CH_2CH_2-\overset{\displaystyle O}{\overset{\|}{C}}-O-CH_3$ und $CH_3-\overset{\displaystyle O}{\overset{\|}{C}}-O-CH_2CH_2-O-\overset{\displaystyle O}{\overset{\|}{C}}-CH_3$

c) $CH_3CH_2-O-CH_2CH_3$ und $CH_3CH_2CH_2CH_2-OH$

d) $Cl-CH_2-CH_2-Br$ und $CH_3-\overset{\displaystyle Br}{\underset{\displaystyle Cl}{C}}-H$

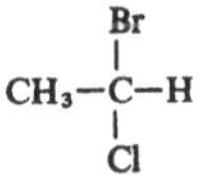

e) $CH_3-CH_2-CH_2-Cl$ und $CH_3-\overset{\displaystyle Cl}{\underset{\displaystyle H}{C}}-CH_3$

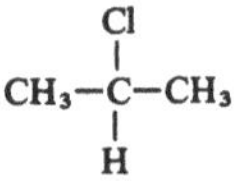

f) 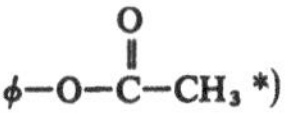 $\phi-O-\overset{\displaystyle O}{C}-CH_3$ *)   und $\phi-\overset{\displaystyle O}{C}-O-CH_3$

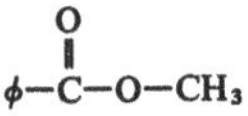

g) 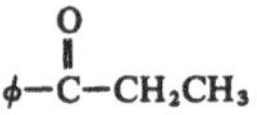 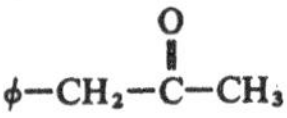 $\phi-\overset{\displaystyle O}{C}-CH_2CH_3$ $\phi-CH_2-\overset{\displaystyle O}{C}-CH_3$

h)

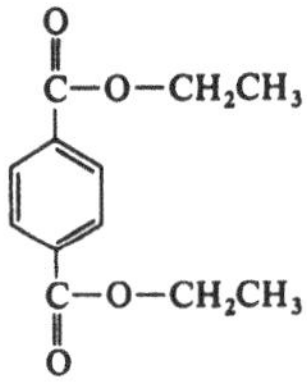

und

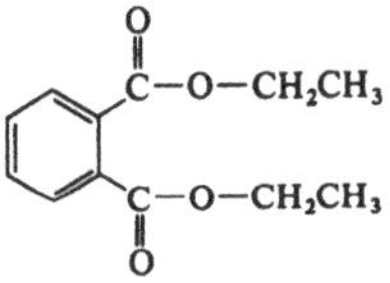

i)

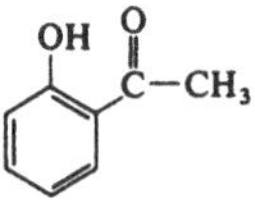

und

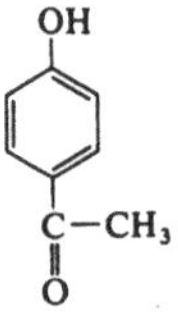

j)

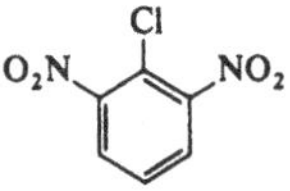

und

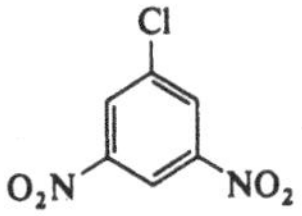

k)

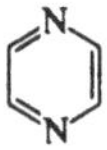

und

l)

und $N\equiv C-CH_2CH_2-C\equiv N$

m)

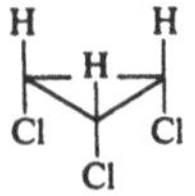

und

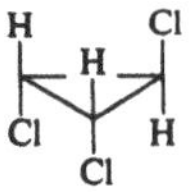

---

*) ϕ steht für C_6H_5.

94

n) 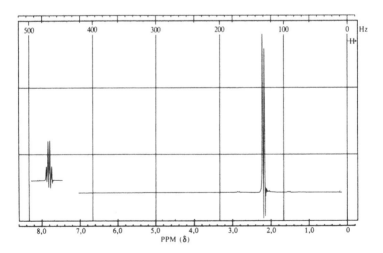 Cl–C=C–H / H–C=C–Br und Cl–C=C–Br / H–C=C–H

o) Br, CH₃ / CH₃, Br und Br, Br / CH₃, CH₃

7.2. Beschreibe, wie man die Mitglieder der folgenden Sätze von Struktur-isomeren mit Hilfe ihres NMR-Spektrums unterscheiden kann! (Sage das Aussehen des Protonenresonanzspektrums voraus und erkläre dann die Unterschiede).

a) Die drei isomeren Dichlorbenzole.

b) Die drei isomeren Trichlorbenzole.

c) Die Isomeren der Formel C_4H_9Br.

d) Die Isomeren der Formel C_3H_8O.

e) Die Isomeren der Formel C_3H_4.

7.3. Abb. 7.26. zeigt das Protonenresonanzspektrum einer Substanz der Bruttoformel C_2H_4O. Schlage eine Strukturformel dafür vor!

7.4. Abb. 7.27. zeigt das Protonenresonanzspektrum einer Substanz der Bruttoformel C_3H_3Br. Schlage eine Strukturformel dafür vor!

Abb. 7.26. Protonenresonanzspektrum einer Substanz mit der Bruttoformel C_2H_4O; reine Flüssigkeit; Offset = 2 ppm.

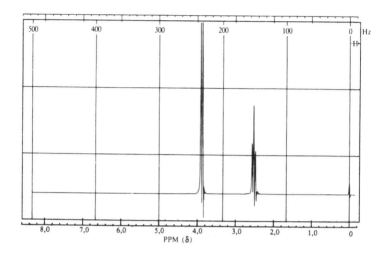

Abb. 7.27. Protonenresonanzspektrum einer Substanz mit der Bruttoformel C$_3$H$_3$Br in CCl$_4$.

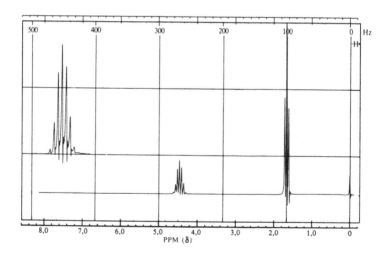

Abb. 7.28. Protonenresonanzspektrum einer Substanz mit der Bruttoformel C$_5$H$_8$ in CCl$_4$; die Einschaltung zeigt eine Vergrößerung der Resonanz bei $\delta = 4,5$.

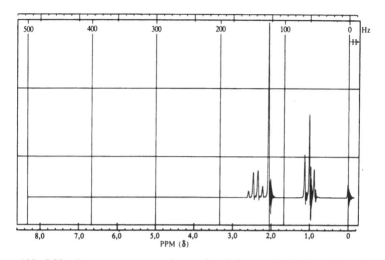

Abb. 7.29a. Protonenresonanzspektrum einer Substanz mit der Bruttoformel C₄H₈O in CCl₄.

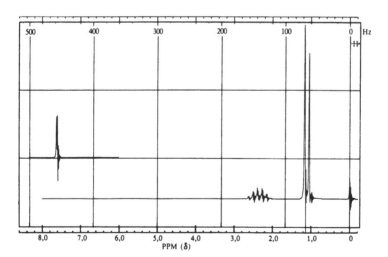

Abb. 7.29b. Protonenresonanzspektrum einer Substanz mit der Bruttoformel C₄H₈O in CCl₄; Offset = 2 ppm.

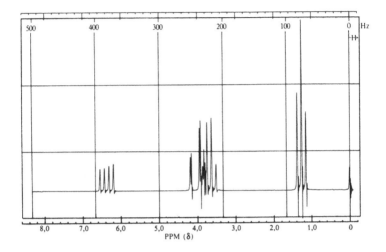

Abb. 7.29c. Protonenresonanzspektrum einer Substanz mit der Bruttoformel
C_4H_8O in CCl_4.

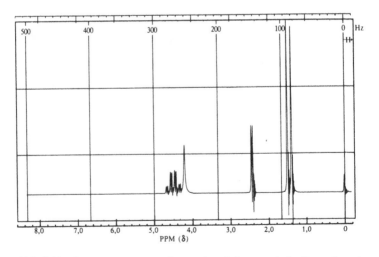

Abb. 7.30a. Protonenresonanzspektrum einer Substanz mit der Bruttoformel
C_4H_6O in CCl_4.

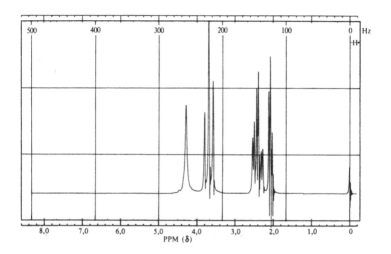

Abb. 7.30b. Protonenresonanzspektrum einer Substanz mit der Bruttoformel C$_4$H$_6$O in CCl$_4$.

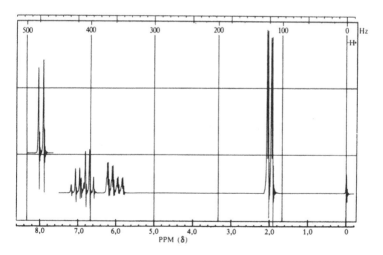

Abb. 7.30c. Protonenresonanzspektrum einer Substanz mit der Bruttoformel C$_4$H$_6$O in CCl$_4$; Offset = 2 ppm.

7.5. Abb. **7.28.** zeigt das Protonenresonanzspektrum einer Substanz der Bruttoformel C_5H_8. Schlage eine Strukturformel dafür vor!

7.6. Abb. **7.29a. bis c.** zeigen die NMR-Spektren von drei Isomeren der Bruttoformel C_4H_8O. Schlage eine Strukturformel für jedes Isomere vor!

7.7. Abb. **7.30a. bis c.** zeigen die NMR-Spektren von drei Isomeren der Bruttoformel C_4H_6O. Schlage eine Strukturformel für jedes Isomere vor!

7.8. Abb. **7.31.** zeigt das Protonenresonanzspektrum einer Substanz der Bruttoformel $C_6H_{14}O_2$. Schlage eine Strukturformel dafür vor.

7.9. Abb. **7.32.** zeigt das Protonenresonanzspektrum einer Substanz der Bruttoformel $C_7H_{16}O_4$. Schlage eine Strukturformel dafür vor.

7.10. Abb. **7.33.** zeigt das Protonenresonanzspektrum einer Substanz der Bruttoformel $C_{11}H_{20}O_4$. Schlage eine Strukturformel dafür vor!

7.11. Gemäß einer in „Organic Synthesis" beschriebenen Vorschrift kann α-Chloranisol durch Behandlung einer siedenden Lösung von Anisol in Dichlormethan mit Sulfurylchlorid präpariert werden:

Da das Reaktionsprodukt bei Behandlung mit Silbernitrat in Äthanol keinen Niederschlag ergab, wurde das Protonenresonanzspektrum aufgenommen. Abb. 7.34. zeigt das Spektrum des Produktes, das tatsächlich in der Reaktion gebildet worden war. Was war das tatsächliche Produkt? (J. Org. Chem., *Bd. 33*, S. 3335, 1968).

7.12. Abb. **7.35.** zeigt das Protonenresonanzspektrum einer Substanz der Bruttoformel $C_{12}H_{14}O_4$. Schlage eine Strukturformel dafür vor!

7.13. Abb. **7.36.** zeigt das Protonenresonanzspektrum einer Substanz der Bruttoformel $C_8H_6O_3$. Schlage eine Strukturformel dafür vor!

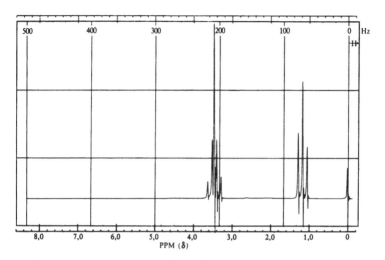

Abb. 7.31. Protonenresonanzspektrum einer Substanz mit der Bruttoformel $C_6H_{14}O$ in CCl_4.

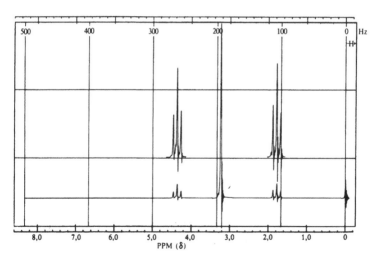

Abb. 7.32. Protonenresonanzspektrum einer Substanz mit der Bruttoformel $C_7H_{16}O_4$ in CCl_4.

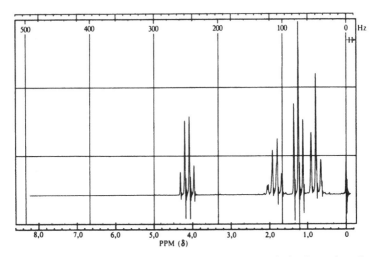

Abb. 7.33. Protonenresonanzspektrum einer Substanz mit der Bruttoformel $C_{11}H_{20}O_4$ in CCl_4.

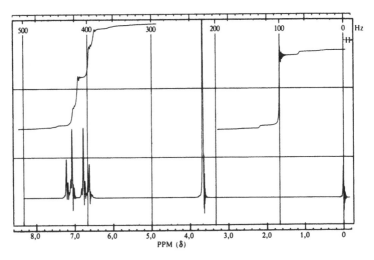

Abb. 7.34. Protonenresonanzspektrum und Integral einer Substanz, die bei der Chlorierung von Anisol erhalten wurde; Lösung in CCl_4.

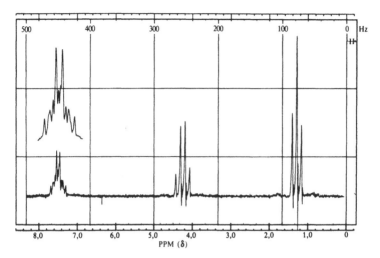

Abb. 7.35. Protonenresonanzspektrum einer Substanz mit der Bruttoformel $C_{12}H_{14}O_4$ in CCl_4.

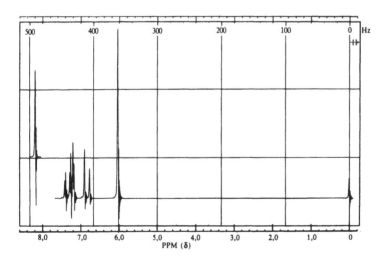

Abb. 7.36. Protonenresonanzspektrum einer Substanz mit der Bruttoformel $C_8H_6O_3$ in CCl_4; Offset = 2 ppm.

8. Probenvorbereitung

Dieses Kapitel beschäftigt sich mit den praktischen Gesichtspunkten der Vorbereitung für die NMR-Analyse brauchbarer Proben. Die Gegenstände, die in den nächsten Abschnitten behandelt werden, umfassen die erforderliche Menge und Konzentration der Probe, die Art des Lösungsmittels, die Art des Probenbehälters (das Probenröhrchen) und die Verwendung von Bezugsstandards.

8.1. Substanzprobe

Menge

30 bis 40 mg ist im allgemeinen die Menge einer organischen Verbindung, die zur Gewinnung eines guten NMR-Spektrums benötigt wird. Für die Hochauflösungs-NMR-Spektroskopie muß die zu untersuchende Probe normalerweise als Flüssigkeit oder Lösung vorliegen. Auch Gase werden gewöhnlich in Lösung untersucht; andernfalls müssen sie unter einem Druck von vielen Atmosphären in sorgfältig getemperten, dickwandigen Glasröhren eingeschlossen werden, um eine genügend konzentrierte Probe zu erhalten. Festkörper können durch Hochauflösungs-NMR-Spektroskopie nicht unmittelbar untersucht werden, weil zwischenmolekulare Kräfte zu extrem breiten Linien führen und eine Kenntnis der Kristallstruktur für die Deutung solcher Breitlinien-NMR-Spektren erforderlich ist. Aus diesem Grunde müssen Festkörper für die Untersuchung in der Hochauflösungs-NMR-Spektroskopie in einem Lösungsmittel gelöst werden. Das zu untersuchende Material kann dabei von einer analytisch reinen Substanz bis zu einem teerigen Destillationsrückstand reichen.

Obwohl es sehr bequem ist, das NMR-Spektrum einer Flüssigkeit ohne Verwendung eines Lösungsmittels (also mit der reinen Flüssigkeit) zu gewinnen, gibt es zwei Gründe für die Aufnahme der Spektren sowohl von Flüssigkeiten wie auch von Festkörpern als Lösungen. Der erste ist, daß die Flüssigkeit zu viskos sein kann. Wenn die Viskosität zu groß ist, werden gewisse zwischenmolekulare Wechselwirkungen durch die Molekularbewegung nicht zu Null ausgemittelt, so daß relativ breite Linien beobachtet werden. Die Gewinnung des Spektrums der Flüssigkeit als Lösung in einem nicht viskosen Lösungsmittel kann dieses Problem ausschalten. Der zweite Grund ist, daß chemische Verschiebungen bezogen auf Tetramethylsilan (TMS) oder einen anderen Referenzstandard sowohl von der Art des Lösungsmittels als auch von der Konzentration stark abhängig sein können. Um daher chemische Verschiebungen mit Sicherheit vergleichen zu können, müssen die Vergleiche zwischen Spektren vorgenommen werden, die unter Verwendung von Proben in Form verdünnter Lösungen in demselben Lösungsmittel aufgenommen wurden. Die Unterschiede in der chemischen Verschiebung, gemessen einmal mit der reinen Flüssigkeit (oder einer konzentrierten Lösung), ein anderes Mal mit einer verdünnten Lösung, sind höchstwahrscheinlich groß, wenn die Probe einen aromatischen Ring enthält. Sie können natürlich genau nur bestimmt werden, indem man tatsächlich Spektren bei verschiedenen Konzentrationen aufnimmt. Ein Vorteil bei der Benutzung einer reinen Flüssigkeit oder einer konzentrierten Lösung ist, daß schwache Signale oder Verunreinigungen leicht zu beobachten sind.

Von einer gewissen niedrigen Konzentration an werden die Signale des Spektrums im Grundrauschen des NMR-Spektrometers untergehen. Sowohl für Festkörper wie auch für Flüssigkeiten hängt die niedrigste, noch brauchbare Konzentration sowohl von der Art der Verbindung als auch von der Empfindlichkeit des NMR-Spektrometers ab.

Wenn man die in ein Multiplett aufgespaltene Resonanz eines Protons zu sehen wünscht, wird die benötigte Probenkonzentration beträchtlich größer sein müssen als die, die benötigt wird, um ein von mehreren Protonen mit derselben chemischen Verschiebung herrührendes Singulett zu sehen. Außerdem sind NMR-Spektrometer unter-

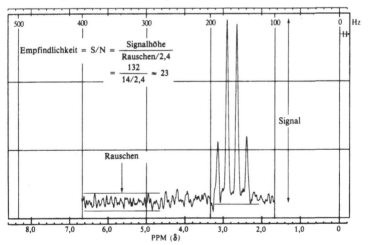

Empfindlichkeit = S/N = $\dfrac{\text{Signalhöhe}}{\text{Rauschen}/2,4}$

$= \dfrac{132}{14/2,4} \approx 23$

Abb. 8.1. Empfindlichkeitstest eines NMR-Spektrometers mit der Resonanz des Methylenquartetts einer 1%igen Lösung von Äthylbenzol.

schiedlich empfindlich; unter Benutzung einer Standardsubstanz bei einer bestimmten Konzentration ergeben manche NMR-Spektrometer ein größeres Signal, bezogen auf das Grundrauschen, als andere. Ein üblicher Standard für den Vergleich von Protonenresonanzspektrometern ist eine einprozentige Lösung von Äthylbenzol ($C_6H_5 - CH_2CH_3$) in Tetrachlorkohlenstoff. Die Empfindlichkeit wird ausgedrückt als das Verhältnis der Höhe der stärksten Linie des Methylenquartetts zur Wurzel aus dem mittleren Rauschquadrat (der maximalen Breite des Rauschbandes dividiert durch 2,4). Diese Bestimmung der Empfindlichkeit – das Signal-zu-Rausch-Verhältnis S/N – ist in Abb. 8.1. dargestellt.

Konzentration

Mit sehr verdünnten Proben verliert man im allgemeinen Auflösung, weil die höhere RF-Leistung, die für das günstigste Verhältnis S/N benötigt wird, etwas zur Probensättigung und Linienverbreiterung führt (siehe Abschnitt 9.1.). Die größere Dämpfung des hoch verstärkten Ausgangssignals, das zur Erlangung eines vernünftigen Verhältnisses S/N wünschenswert ist, wird ebenfalls die Spektrallinien verbreitern. Mit verdünnten Lösungen geht auch die Genauigkeit des Integrals verloren. Mit einer konzentrierten Probe kann eine sorgfältige Integration Protonenverhältnisse auf ± 1% genau ergeben; mit einer verdünnten Probe wird allerdings eine zehnprozentige Genauigkeit in Protonenverhältnissen als annehmbar angesehen. Ein brauchbares Spektrum kann mit einer Probe erhalten werden, die nicht zu einem brauchbaren Integral führt. Schließlich erfordert eine verdünnte Probe größere Sorgfalt, weil geringere Registriergeschwindigkeiten nötig sind, um ein angemessenes Verhältnis S/N zu erzielen; außerdem ist es schwieriger, Sättigung zu vermeiden. Mehrere Registrierungen können notwendig sein, um wahre Signale vom zufälligen Rauschen zu trennen.

Schlecht aufgelöste Spektren

Gewisse Verbindungen liefern keine gut aufgelösten Spektren. Dazu gehören starre polyzyklische Moleküle wie z. B. Bicycloheptan und Steroidderivate. Ein Grund dafür ist, daß die Unterschiede in den chemischen Verschiebungen für Ringprotonen klein sind und kleine Werte des Verhältnisses $\Delta\delta/J$ zu mehr Linien führen. Die Folge ist, daß die zahlreichen, dicht beieinander liegenden Linien des Spektrums nicht mehr aufgelöst werden und als breite Banden zu sehen sind. Derselbe Typ eines schlecht aufgelösten Spektrums wird auch bei langkettigen aliphatischen Verbindungen beobachtet. Das Spektrum von 1-Octanol, ohne Zufügung einer Säure, ist ein Beispiel dafür (Abb. 8.2.); andere Spektren von 1-Octanol wurden im Abschnitt 7.4. diskutiert.

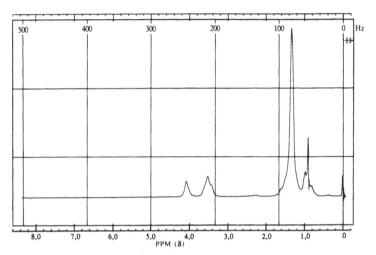

Abb. 8.2. Protonenresonanzspektrum von 1-Octanol in CCl_4 ohne Säurezusatz.

Paramagnetische Verunreinigungen

Gelegentlich führt eine Probe nicht zu einem guten Spektrum. Eine Ursache davon kann die Anwesenheit von paramagnetischen Verunreinigungen (Verunreinigungen mit ungepaarten Elektronen wie z. B. Eisen- oder Kupferverbindungen) sein. Zum Beispiel ergaben einige sauerstoffhaltige aromatische Verbindungen, Benzochinone, Naphthochinone usw., bessere NMR-Spektren, wenn die für die Spektren benutzten Proben sublimiert worden waren. Offensichtlich führten Spuren von paramagnetischem Material, das in der Verbindung nach ihrer Präparation zugegen war, zur Verbreiterung der Spektrallinien; sie wurden durch die Sublimation der Probe ausgeschaltet. Wenn eine Verbindung ein schlechtes Spektrum mit einem Instrument ergibt, das entweder mit anderen Proben oder mit den Standardproben gut arbeitet, sollte man sie im Hinblick auf Metallionen zu reinigen versuchen. Oxime, Orthochinone, β-Diketone und andere potentielle Chelatbildner können in dieser Hinsicht ziemlich lästig sein. Organische Salze ergeben gewöhnlich gute NMR-Spektren, aber manchmal führen Metallionen in der Base oder Säure, die zur Salzbildung beigefügt wurden, zu einem verschlechterten Spektrum.

Ferromagnetische Verunreinigungen

Schlechte Auflösung rührt gelegentlich von der Anwesenheit suspendierter ferromagnetischer Partikeln, wie z. B. Eisenfeilicht, her. Diese können entfernt werden, indem man den Boden des Probenröhrchens einem starken Magneten nähert und sodann den Magneten an der Seite des Röhrchens langsam hochgleiten läßt; auf diese Weise werden die Eisenteilchen im Röhrchen nach oben befördert und können aus der Lösung herausgezogen werden. Der Einfluß von Eisenpartikeln ist so schwerwiegend, daß sorgfältige Arbeiter vorziehen, Material für NMR-Proben mit Spateln aus Silber anstatt aus Nickel oder rostfreiem Stahl zu behandeln.

Filtrieren der Probenlösungen

Da Festkörper extrem breite Linien im NMR-Spektrum ergeben, beeinflußt die Gegenwart kleiner Mengen von suspendiertem festen Material in der Probe gewöhnlich das Aussehen des üblichen Spektrums nicht. Da aber feste Verunreinigungen ferromagnetisch sein können, ist es empfehlenswert, Probenlösungen für NMR-Spektroskopie routinemäßig zu filtrieren. Abb. 8.3a. stellt eine kleine Filtriervorrichtung dar, die zur Filtrierung der Probe benutzt werden kann, wenn sie in das Probenröhrchen eingefüllt wird.

Eine andere bequeme Methode besteht darin, einen kleinen Pfropfen von Glaswolle in den engen Teil einer Tropfpipette einzubringen (Abb. 8.3b.). Die Glaswolle wirkt als Filter und hält nur wenig Lösungsmittel zurück. Die Tropfpipette mit Pfropfen kann auch als Wägeschiffchen dienen. Es gibt auch kleine Filter, die in den Ausfluß einer Spritze passen. Die Probenlösung wird in die Spritze aufgesogen, das Filter angefügt und die Lösung durch das Filter in das Probenröhrchen gepresst. Bei einem anderen Verfahren wird die Lösung in einem kleinen Zentrifugeneinsatz angesetzt, dann zentrifugiert und schließlich mit einer Tropfpipette in das Probenröhrchen übergeführt. Bei fein verteilten Verunreinigungen ist das Zentrifugieren erheblich wirksamer als das Filtrieren.

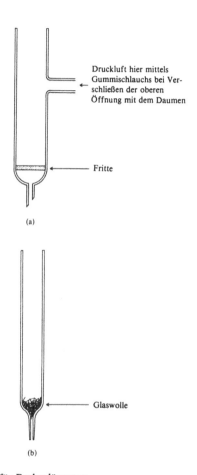

Druckluft hier mittels Gummischlauchs bei Verschließen der oberen Öffnung mit dem Daumen

Fritte

(a)

Glaswolle

(b)

Abb. 8.3. Filter für Probenlösungen.

8.2. Probenröhrchen

Die Grundanforderungen für den in der NMR-Spektroskopie benutzten Probenbehälter sind, daß er (1) in die Empfängerspule paßt und (2) nicht metallisch ist. Ein langes, an einem Ende zugeschmolzenes Glasröhrchen erfüllt diese Anforderungen. Zur Verbesserung der Auflösung durch Ausmittelung einiger der unvermeidbaren Inhomogenitäten des benutzten Magnetfeldes läßt man das Röhrchen mit 20 bis 60 Hz rotieren. Das Röhrchen muß daher befähigt sein, um seine Längsachse ohne Schlag zu rotieren, damit die Empfängerspule nicht zerstört wird. Außerdem muß das Röhrchen einen symmetrischen Querschnitt sowohl innen wie außen haben, um das Maximum an Auflösung und das Minimum an Rotationsseitenbändern zu erzielen (siehe Abschnitt 9.1.). Für eine maximale Empfindlichkeit, insbesondere bei Verwendung verdünnter Lösungen, ist ein hoher Füllungsfaktor erwünscht, d. h. es muß sich eine möglichst große Probenmenge im aktiven Volumen der Empfängerspule befinden, und sowohl der Luftraum wie auch das Eigenvolumen des Behälters sind so klein wie möglich zu halten. Um allen diesen Forderungen gerecht zu werden, werden dünnwandige Glasröhrchen verwendet; typische Abmessungen und Toleranzen für das verbreitete 5-mm-NMR-Röhrchen sind in Tab. 8.1. angegeben.

Tab. 8.1. Typische Spezifikationen für das 5-mm-NMR-Probenröhrchen

Länge	18,4 cm
Äußerer Durchmesser	4,98 + 0,000/ − 0,025 mm
Innerer Durchmesser	4,10 + 0,000/ − 0,025 mm
Toleranz im äußeren Durchmesser über die Röhrchenlänge	<0,013 mm
Durchbiegung über die Röhrchenlänge	<0,08 mm

Die meisten dem organischen Chemiker zugänglichen NMR-Spektrometer beschränken sich auf das 5-mm-Röhrchen. Viele der Forschungsspektrometer sind jedoch ausgelegt, Probenröhrchen mit größerem Durchmesser aufzunehmen, bis zu 15 mm in einigen Fällen. In Situationen, in denen nur sehr verdünnte Lösungen zu erhalten sind, erhöht der größere Röhrchendurchmesser die Empfindlichkeit beträchtlich; der Zuwachs ist grob gerechnet dem Quadrat des Durchmessers proportional.

Stöpsel zur Vermeidung von Rotationswirbeln

Wenn das Probenröhrchen im Meßkopf rotiert, entwickelt sich im Scheitel der Lösung ein Wirbel, was zur Verminderung der Auflösung führen kann (siehe Abschnitt 9.1.). Bei Röhrchen mit großem Durchmesser oder bei kleinem Probenvolumen kann dieses Problem besonders kritisch sein. Um die Auswirkungen zu beseitigen oder klein zu halten, kann ein gleitend sitzender Stöpsel mit Hilfe eines dünnen, mit einem Gewinde versehenen Stabes in das Probenröhrchen eingeführt werden. Dadurch, daß man diesen Stöpsel auf den Scheitel der Lösung aufsetzt, vermeidet man die Bildung des Rotationswirbels.

Spezialröhrchen

Es gibt eine Anzahl von Spezial-NMR-Röhrchen verschiedener Art. Mit einem Röhrchen aus Quarzglas kann man photochemische Reaktionen unmittelbar in dem Meßröhrchen durchführen und den Reaktionsfortschritt durch NMR-Messungen verfolgen, ohne die Lösung transferieren zu müssen. Umgekehrt kann ein Röhrchen aus eingefärbtem Glas für lichtempfindliche Proben benutzt werden. Für Proben, die mit Glas reagieren, benutzt man einen Kunststoffeinsatz.

Für Untersuchungen im Halbmikrobereich gibt es eine Reihe von Röhrchen. Eines gleicht dem gewöhnlichen NMR-Röhrchen, hat aber dickere Wände und eine kapillare Bohrung. Die Probe wird durch Herunterschütteln wie bei einem Fieberthermometer in den unteren Teil des Röhrchens gebracht. Ein anderer Typ besteht aus einer dünnen Kapillare, die im unteren Teil eines dickeren Röhrchens befestigt ist, das seinerseits in ein normales NMR-Röhrchen eingeschoben werden kann. Die Kapillare kann eine Standardlösung, eine kleine Menge einer reinen Flüssigkeit oder eine kleine Menge einer konzentrierten Lösung aufnehmen. Alle Röhrchen mit geringer Aufnahmekapazität sind natürlich schwierig zu reinigen.

Verschlüsse für Probenröhrchen

Probenröhrchen werden immer in irgendeiner Weise verschlossen, bevor sie in das Instrument gebracht werden. Die kommerziell erhältlichen Plastikkappen oder Stöpsel sind ziemlich bequem zu handhaben und schrumpfen im Gegensatz zu Korkstöpseln nicht. Man kann verschieden gefärbte Kappen zur Probenunterscheidung verwenden. Weder Kunststoffkappen noch Gummistopfen sind jedoch für Lösungsmitteldämpfe undurchlässig, so daß das Lösungsmittel während der Aufbewahrungszeit allmählich verdampft. Da die Probenröhrchen dünnwandig und zerbrechlich sind, müssen die Kappen vorsichtig aufgesetzt und abgenommen werden.

Mischung der Lösung

Da NMR-Röhrchen lang und eng sind, bereitet die Mischung von Probe und Lösungsmittel im Röhrchen Schwierigkeiten. Um sicher zu

sein, daß die Lösung vollständig gemischt ist, sollte das Röhrchen –
insbesondere bei Verwendung eines relativ viskosen Lösungsmittels
wie Dimethylsulfoxid – mehrmals umgedreht werden, damit der In-
halt von einem zum anderen Ende fließen kann. Eine unvollständig ge-
mischte Probenlösung liefert ein schlecht aufgelöstes Spektrum.

Reinigung der Probenröhrchen

Da NMR-Röhrchen teuer sind (3 bis 15 DM), werden sie, wann immer möglich, gereinigt und wiederverwendet. Das beste Reinigungs-
verfahren ist die Spülung mit Lösungsmittel unmittelbar nach Gebrauch. Chromschwefelsäure sollte zur Reinigung niemals verwendet
werden, weil sie leicht Spuren von paramagnetischen Chromionen zu-
rückläßt, die in folgenden Proben Linienverbreiterung verursachen.
Es gibt eine Reihe von Reinigungsvorrichtungen für NMR-Röhrchen.
Sie helfen durch Beschleunigung des Reinigungs- und Spülprozesses.

Kennzeichnen der Probenröhrchen

Wenn ein Röhrchen durch ein Etikett gekennzeichnet werden soll,
muß dieses völlig um das Röhrchen herum angebracht werden, jedoch
ohne Überlappung; andernfalls rotiert das Röhrchen nicht einwand-
frei, was zu starken Rotationsseitenbändern führt. Am besten vermeidet man Etikette gänzlich und kennzeichnet die Proben durch Verwendung farbiger Kappen.

8.3. Lösungsmittel

Wie in Abschnitt 8.1. auseinandergesetzt wurde, muß bei der Hochauflösungs-NMR-Spektroskopie die zu untersuchende Substanz als
Flüssigkeit oder Lösung eingesetzt werden. Selbst Flüssigkeiten müssen in Lösung verwendet werden, wenn zuverlässige Werte der chemischen Verschiebung angestrebt werden.

Das ideale Lösungsmittel für NMR-Spektroskopie sollte den Kern,
der in der Probe untersucht werden soll, nicht enthalten (so daß das
Lösungsmittel in dem interessierenden Spektralbereich nicht absorbiert); es sollte eine niedrige Viskosität haben (so daß zwischenmolekulare Wechselwirkungen durch die statistische Molekülbewegung
herausgemittelt werden), und es sollte ein gutes Lösevermögen besitzen (weil relativ hohe Konzentrationen benötigt werden – 50 mg/0,5
ml entsprechen immerhin 10 g/100 ml). Für Protonenresonanzspektroskopie erfüllen Tetrachlorkohlenstoff (CCl_4) und Schwefelkohlen-
stoff (CS_2) die Bedingungen des Fehlens von Protonen im Lösungsmit-

tel und der niedrigen Viskosität, aber sie sind für stärker polare organische Substanzen, denen man oft begegnet, keine guten Lösungsmittel. Chloroform (CHCl₃) ist ein gutes Lösungsmittel für eine große Vielfalt organischer Substanzen und ist nicht viskos, aber es enthält ein Proton. Es ist jedoch möglich, Deuterochloroform (CDCl₃) zu einem Preis von etwa 0,25 DM/g zu bekommen, und diese Substanz, welche alle besonderen Eigenschaften besitzt, die für ein Lösungsmittel in der Protonenresonanzspektroskopie gefordert werden, wird am häufigsten verwendet.

Wenn die Substanz in den bevorzugten Lösungsmitteln CDCl₃, CCl₄ und CS₂ so wenig löslich ist, daß die Konzentration unter der durch ein NMR-Spektrometer in befriedigender Weise erfaßbaren liegt, gibt es mehrere Möglichkeiten. Die einfachste ist, zusätzliche Lösungsmittel wie Aceton, Acetonitril, Pyridin, Dimethylsulfoxid, Formamid oder Trifluoressigsäure oder auch Wasser und Methanol zu versuchen. Alle diese sind mit Deuterium anstatt des Wasserstoffs, wenn auch zu höheren Preisen, erhältlich. Einige dieser Lösungsmittel sind in Tab. 8.2. zusammengestellt. Die vorbereitenden Lösungsversuche können natürlich mit nicht deuterierten Lösungsmitteln angestellt werden, aber das deuterierte Lösungsmittel ist für die Aufnahme des Spektrums, trotz des höheren Preises, gewöhnlich vorzuziehen. Der wichtigste Vorteil deuterierter Lösungsmittel ist, daß kein Teil des Spektrums entweder durch Absorptionsbanden des Lösungsmittels oder durch Rotationsseitenbänder der sonst äußerst starken Linie des Lösungsmittels zugedeckt wird. Außerdem ist bei Verwendung eines nicht deuterierten Lösungsmittels die Integration schwieriger, weil die Phase des Spektrometerdetektors außerordentlich genau eingestellt werden muß; geschieht dies nicht, verursacht ein kleiner Beitrag des Dispersionssignals zum Absorptionssignal der starken Lösungsmittellinie in beträchtlichem Abstand von der Linienmitte eine Trift (siehe Abschnitt 9.3.). Wenn ein Spektrum hoher Qualität nicht erforderlich ist oder wenn die Lösungsmittel nicht leicht in deuterierter Form erhältlich sind, dann können natürlich Spektren der Verbindung in zwei oder mehr Lösungsmitteln aufgenommen und zusammengesetzt werden.

Eine weitere mögliche Lösung des Problems wenig löslicher Substanzen ist, die Probe in dem NMR-Röhrchen bei hoher Temperatur aufzulösen, dann vorsichtig abzukühlen und das Spektrum der übersättigten Lösung aufzunehmen. Wenn man sorgfältig kleine Kristalle, die als Keime dienen können, vermeidet, bleibt die Lösung für eine erstaunlich lange Zeit im übersättigten Zustand.

Das am meisten benutzte deuterierte Lösungsmittel ist Deuterochloroform; es ist relativ billig und ein gutes Lösungsmittel für viele Arten organischer Verbindungen. Gewöhnlich enthält es eine kleine Menge von gewöhnlichem Chloroform ($CHCl_3$); dann kann man dessen Resonanz bei hoher Spektrometerverstärkung bei $\delta = 7,27$ sehen. Da Chloroform in Gegenwart von Feuchtigkeit und Sauerstoff nicht stabil ist, ist es für besonders sorgfältiges Arbeiten eine kluge Vorsichtsmaßregel, das Chloroform unmittelbar vor Gebrauch zu reinigen, indem man es durch neutrales Aluminiumoxid einer kleinen Chromatographiesäule in einer mit ein wenig Glaswolle versehenen Pipette passieren läßt. Dieses Verfahren entfernt auch das Äthanol, das manchmal dem gewöhnlichen Chloroform als Stabilisator zugesetzt wird. Wenn das Äthanol nicht entfernt wird, sieht man es bei hoher Spektrometerverstärkung im Spektrum.

Hexadeuteroaceton (CD_3COCD_3) ist für viele Substanzen ein gutes Lösungsmittel, ebenso Trideuteroacetonitril ($CD_3C \equiv N$). Hexadeuterodimethylsulfoxid (CD_3SOCD_3) ist ein gutes Lösungsmittel für viele polare Substanzen, hat aber den Nachteil, hygroskopisch und etwas viskos zu sein. Die höhere Viskosität führt zu ein wenig verbreiterten Spektrallinien und schlechterer Auflösung. In den genannten drei Lösungsmitteln koppeln die – bei der Deuterierung verbleibenden – restlichen Protonen im Mittel mit zwei Deuteriumatomen mit $J = 1$ bis 2 Hz und erscheinen als schwach aufgespaltenes 1:2:3:2:1-Quintett.

Deuterierte Trifluoressigsäure (CF_3COOD) ist ein ausgezeichnetes Lösungsmittel für basische Verbindungen, weil es eine starke Säure ist. Wegen der Protonierung des Moleküls können aber Kerne an der Stelle der Protonierung oder in ihrer Nähe stark entschirmt werden.

Sowohl Deuteriumoxid (D_2O) wie auch Deuteromethanol (CD_3OD) sind ausgezeichnete Lösungsmittel für stark polare Substanzen. Wenn mit Deuteriumoxid schlechte Ergebnisse erzielt werden, kann die Destillation des Lösungsmittels die Umstände erheblich verbessern (es hat schon Lieferungen von schwerem Wasser gegeben, in denen suspendiertes Eisenoxid zu sehen war). Ein Nachteil dieser beiden Lösungsmittel, ebenso auch von Deuterotrifluoressigsäure, ist, daß sie alle OH- und NH-Protonen im Probenmolekül durch Deuterium ersetzen. Als Folge davon ergeben alle diese Protonen ein gemeinschaftliches Singulett bei der chemischen Verschiebung der OH-Protonen des Lösungsmittels.

Spektren, die mit einer aromatischen Verbindung als Lösungsmittel gewonnen wurden, sollten mit Vorsicht interpretiert werden, wenn nur ein einziges Lösungsmittel benutzt worden ist. Sowohl spezifische Solvatation wie auch diamagnetische Anisotropie können relativ große Lösungsmitteleffekte verursachen, die den Vergleich von Werten der chemischen Verschiebung mit in „normalen" Lösungsmitteln gewonnenen schwierig machen. Bei Pyridin muß besonders beachtet werden, daß es für viele Verbindungen zwar ein ausgezeichnetes Lösungsmittel ist, aber sowohl eine schwache Base wie auch ein aromatisches System ist und Lageverschiebungen in der Gegend von 0,2 bis 0,3 ppm erzeugt. Wenn Pyridin oder andere aromatische Lösungsmittel verwendet werden, empfiehlt es sich, Modellsubstanzen (wenn greifbar) sowohl in diesen wie auch in mehr „normalen" Lösungsmitteln zu untersuchen. Auf diese Weise erhält man einen Aufschluß über die Größe des Lösungsmitteleffekts.

Die mit Wasser mischbaren Lösungsmittel stellen ein Aufbewahrungsproblem dar, weil sie leicht Wasserdampf aus der Luft aufnehmen. Sie sollten daher in dicht verschlossenen Behältern aufbewahrt werden, am besten in einem Desikkator. Einen für diesen Zweck bequemen Desikkator bildet ein kleiner, mit Schraubenverschluß versehener weit geöffneter Topf, an dessen Boden sich etwas Blaugel als Anzeige- und Trockenmittel befindet. Wenn nötig, können feuchte Lösungsmittel durch Chromatographie an einer kleinen Menge eines aktivierten Molekularsiebes getrocknet werden.

Tab. 8.2. zeigt einige Eigenschaften der in der Protonenresonanz am meisten benutzten Lösungsmittel.

Es ist nicht empfehlenswert, Proben in Lösung mit der Absicht aufzubewahren, das Spektrum für Vergleichszwecke nach Wochen erneut aufnehmen zu können. Chloroform z. B. ist in Gegenwart von Feuchtigkeit und Sauerstoff nicht stabil; es bildet in einer solchen Umgebung Phosgen. Außerdem reagiert es langsam mit Aminen und anderen Verbindungen, besonders bei Anwesenheit von Sauerstoff. Wenn man versucht, eine Probe in Chloroformlösung aufzubewahren, muß sie entgast werden, und das Probenröhrchen muß bei tiefer Temperatur gelagert werden.

8.4. Referenzstandards

Da die Stärke des bei Protonenresonanzspektroskopie angewandten Magnetfeldes nicht mit der erforderlichen Genauigkeit von ungefähr 1 Teil in 10^8 gemessen werden kann, muß die Linie einer willkürlich gewählten Referenzsubstanz als Nullpunkt benutzt werden, von der aus Linienlagen zum Vergleich zwischen Substanzen und Laboratorien gemessen werden können.

Tab. 8.2. Ausgewählte Eigenschaften von für die Protonenresonanz verwendeter Lösungsmittel

Verbindung	Schmelzpunkt °C	Siedepunkt °C	Resonanz δ	Preis DM/g*) ca.
CCl_4	− 23	77	−	−
$CHCl_3$	− 64	61	7,27	0,25
CS_2	−104	46	−	−
C_6H_6	5	80	7,20	7
CH_3COCH_3	− 95	57	2,05	6
CH_3CN	− 42	82	1,98	6
p-Dioxan	12	101	3,55	28
CH_3OH	− 98	65	3,35 (CH_3) ~4,8 (OH, var.)	4
H_2O	0	100	~4,8 (var.)	−
D_2O	3,8	101,4	~4,8 (var.)	0,60
CH_2Cl_2	− 95	40	5,35	14
Pyridin	− 42	115	6,9 − 8,5	10
CF_3COOH	− 15	74	12,5 (var.)	1,50
CH_3SOCH_3	18	189	2,58	5
SO_2	− 72	− 10	−	−

*) Preis für die volldeuterierte Verbindung

116

Ein zweiter praktischer Nutzen des Referenzstandards ist seine Verwendung bei der Prüfung sowohl des Instruments als auch der Lösung. Allen empfohlenen Referenzstandards ist eine sehr kleine Linienbreite eigen. Deshalb kann die Auflösung des Instruments schnell am Aussehen der Referenzlinie festgestellt werden. Ebenso können Lage und relative Größe von Rotationsseitenbändern geprüft werden; da sie einigermaßen über das ganze Spektrum konstant sind, können sie leicht identifiziert werden.

Tetramethylsilan (TMS) ist eine flüchtige (Siedepunkt 26°C), symmetrisch gebaute, inerte Substanz, die mit den meisten organischen Lösungsmitteln mischbar ist und so die Anforderungen an einen Protonenstandard recht gut erfüllt. Außerdem ist seine Resonanz ein sehr scharfes Singulett, das von den Resonanzen der meisten anderen organischen Protonen zu höherem Feld verschoben ist. Deshalb hat der Vorschlag, diese Substanz als wichtigsten inneren Standard für Protonenresonanzspektroskopie zu benutzen, weitgehend Zustimmung gefunden.

Der einfachste Weg, eine Referenz herzustellen, ist, dem NMR-Röhrchen, das die Probenlösung enthält, eine kleine Menge der Referenzsubstanz beizufügen. Die ausreichende Konzentration von TMS liegt üblicherweise zwischen 1 und 3% oder 0,005 bis 0,015 ml je 0,5 ml Lösungsmittel. Eine 0,1 ml-Spritze ist für das genaue Dosieren von TMS oder einem anderen Standard in das Probenröhrchen nützlich. Nach unserer Erfahrung macht die Vorratshaltung von TMS in einer zugestöpselten Flasche und deren Aufbewahrung zusammen mit der Spritze im Kühlschrank das Verbringen des flüchtigen TMS in das Probenröhrchen zu einer sehr einfachen Maßnahme. Viele Lieferanten von deuterierten Lösungsmitteln bieten jedoch auch das Lösungsmittel mit TMS versetzt an; TMS kann auch an Ort und Stelle einer größeren Lösungsmittelmenge beigefügt werden.

$$CH_3-\overset{\displaystyle CH_3}{\underset{\displaystyle CH_3}{\overset{|}{\underset{|}{Si}}}}-O-\overset{\displaystyle CH_3}{\underset{\displaystyle CH_3}{\overset{|}{\underset{|}{Si}}}}-CH_3$$

Hexamethyldisiloxan

Als Standards zweiter Wahl werden Cyclohexan und Hexamethyldisiloxan verwendet. Sie sind bei Raumtemperatur (besonders im Sommer) leichter zu handhaben als TMS; beide sind von Nutzen bei höheren Temperaturen, wo TMS zum Verdampfen aus der Lösung neigt. TMS ist bei Verwendung in sauren Lösungen vorzuziehen, weil sich der Sauerstoff von Hexamethyldisiloxan an Protonendonatoren assoziieren kann; aber auch TMS kann nicht in konzentrierter Schwefelsäure verwendet werden.

Die vorgenannten Standards sind alle in Wasser unlöslich; deshalb müssen in diesem Medium andere Verbindungen benutzt werden. Als wichtigster Standard für wäßrige Lösungen gewinnt das Na-Salz der Trimethylsilylpropansulfonsäure mehr und mehr Zustimmung. Diese Verbindung ist auch mit Ersetzung der Methylenprotonen durch Deuterium erhältlich. Auch Dioxan und Acetonitril sind empfohlen worden.

Wenn Probenabsorption im Bereich der Referenzabsorption voraussehbar ist, sollte das Spektrum zuerst ohne Benutzung eines Standards untersucht werden. Wenn der Bereich der Standardabsorption auf Linien überprüft ist, kann der Standard mit der Gewißheit zugesetzt werden, daß keine Probenlinien übersehen werden.

Wenn Deuterochloroform als Lösungsmittel verwendet wird, kann die Verunreinigung durch gewöhnliches Chloroform, das sich bei $\delta = 7,27$ bemerkbar macht, als grober innerer Standard dienen.

Wenn die oben erwähnten Standards nicht geeignet sind, sollten die Verbindungen, die als Referenzstandards ausgewählt werden, nicht zur Assoziation mit dem Lösungsmittel oder der zu untersuchenden Substanz befähigt sein. In Zweifelsfällen können zwei oder mehr Standards verwendet werden; eine Veränderung der Differenzen der chemischen Verschiebung für die verschiedenen Referenzen deutet an, daß zumindest ein Referenzstandard Assoziation eingeht.

Tab. 8.3. Chemische Verschiebung von für die Protonenresonanz verwendeter Standards relativ zu TMS

Verbindung	δ
TMS	0,00
$(CH_3)_3SiCH_2CH_2CH_2SO_2Na$	$0,00 \pm 0,02$
$(CH_3)_3Si-O-Si(CH_3)_3$	0,06
Silikonfett	0,1
C_6H_{12}	1,44
$CHCl_3$	7,27 (schwach var.)
CH_3CN	1,98
Dioxan	3,7
H_2O	4,8 (var.)
$(CH_3)_4NBr$	3,10

Manchmal wird Wasser als Standard benutzt, insbesondere in D_2O, aber die Lage der Wasserresonanz ändert sich stark sowohl mit der Temperatur als auch dem pH-Wert.

$$CH_3-\underset{\underset{CH_3}{|}}{\overset{\overset{CH_3}{|}}{Si}}-CH_2CH_2CH_2-SO_3^-Na^+$$

Trimethylsilylpropansulfosäure-Na-Salz

Tab. 8.3. gibt die Lage der Resonanz einiger möglicher Referenzverbindungen relativ zu TMS als Nullpunkt an.

9. Bedienung des NMR-Spektrometers

In diesem Kapitel wollen wir einige der praktischen Gesichtspunkte für die Bedienung des NMR-Spektrometers betrachten. Abschnitt 9.1. beschreibt die Einstellungen des Instruments, die zur Gewinnung von Routine-Protonenresonanzspektren benötigt werden. Die verbleibenden Abschnitte befassen sich mit einigen weniger routinemäßigen, anspruchsvolleren Prozeduren, wie z. B. Bestimmung und Optimierung der Homogenität des Magnetfeldes und des Auflösungsvermögens des Instruments, Integration der Spektren und Eichung des Spektrometers.

9.1. Einstellung des NMR-Spektrometers für Routinespektren

Da jedes Instrument seine eigenen Bedienungseigenheiten hat, können wir nur einige allgemeine Ratschläge über die verschiedenen Justierungen und Einstellungen geben, die vorgenommen werden müssen. Nach Beschreibung der verschiedenen Operationsparameter setzen wir kurz auseinander, wie ein Routinespektrum aufzunehmen ist.

Spektrale Registrierbreite (Sweep-Breite)

Für ein der Übersicht dienendes Protonenresonanzspektrum einer unbekannten Substanz ist eine Registrierbreite von ungefähr 10 ppm von $\delta = 10$ bis 0 ($\tau = 0$ bis 10) zweckdienlich. Dies entspricht bei einem 60 MHz-Instrument einer Registrierbreite von 600 Hz (siehe Abb. 3.3.). Bei darauf folgenden Spektren kann zur besseren Beobachtung von Teilen des Spektrums eine kleinere Registrierbreite verwendet werden. Da die Registrierung immer von einem Ende des Diagrammpapiers zum anderen läuft, bedeutet die Anwendung einer kleineren spektralen Registrierbreite eine Streckung des Spektrums entlang der Achse der chemischen Verschiebung.

Registrierverschiebung (Sweep Offset)

Wenn man die Registrierbreite als eine Art „Fenster" ansieht, durch das man das Spektrum betrachtet, dann ist der Sweep Offset die Einrichtung, die zur Verschiebung dieses „Fensters" entlang der Achse der chemischen Verschiebung benutzt wird, so daß man jenen Teil des Spektrums sieht, der von Interesse ist. Für ein Übersichtsspektrum einer unbekannten Verbindung ist der 10-ppm-Bereich mit der größten Bedeutung der Bereich $\delta = 10$ bis 0 ($\tau = 0$ bis 10); eine Sweep-Offset-Einstellung Null legt das 10-ppm-„Fenster" über diesen Spektralbereich.

120

Immer, wenn der Sweep Offset auf Null gesetzt wird, liegt der Wert 0 der δ-Skala und der Wert 10 der τ-Skala für alle Registrierbreiten auf dem rechten Ende der Registrierung (d. h. gleichgültig wie groß das „Fenster" ist, liegt die TMS-Resonanz immer auf der rechten Seite, solange der Sweep Offset Null ist). Um daher einen Teil des Spektrums jenseits des linken Randes des „Fensters" anzuschauen, muß der Sweep Offset so verändert werden, daß das Spektrum nach rechts verschoben wird. Wenn man z. B. mit einer Registrierbreite von 10 ppm den von $\delta = 15$ bis 5 ($\tau = -5$ bis $+5$) reichenden Spektralbereich anschauen will, dann bedarf es dazu eines Sweep Offset von $+5$ ppm; das entspricht einer Einstellung von 150 Hz für ein 30-MHz-Instrument bzw. von 300 Hz für ein 60-MHz-Instrument.

Registriernullpunkt (Sweep-Nullpunkt)

Wie wir gerade gesagt haben, liegt für jede Registrierbreite bei einem Sweep Offset Null die TMS-Resonanz auf dem rechten Ende oder dem Nullpunkt des kalibrierten Diagrammpapiers. Wenn dies nicht exakt zutrifft, wird der Sweep Offset benutzt, um das Spektrum entlang der Achse der chemischen Verschiebung so lange zu verschieben, bis die TMS-Resonanz genau auf Null liegt. Wenn ein anderer Standard verwendet wird, wird der Sweep Offset benutzt, um dessen Resonanz an die richtige Stelle auf der Achse der chemischen Verschiebung zu legen. Tab. 8.3. gibt die Lage der Resonanz für einige andere Standards relativ zu TMS als Nullpunkt an.

Registrierzeit (Sweep-Zeit)

Die Einstellung der Registrierzeit bestimmt die Geschwindigkeit, mit welcher der Spektralbereich im „Fenster" durchlaufen wird. Die Registriergeschwindigkeit ist gleich der Registrierbreite, dividiert durch die Registrierzeit (Hz/sec). Eine typische Registriergeschwindigkeit ist etwa 1 Hz/sec. Wenn die gesamte Registrierbreite 600 Hz ist (10 ppm mit einem 60-MHz-Instrument), dann ist die passende Registrierzeit also ungefähr 600 sec (10 min).

Zu schnelle Registrierung verursacht eine Verzerrung der Linien, weil die Schreiberfeder nicht imstande ist, schnell genug zu folgen. Zu langsame Registrierung kann zur Sättigung führen (siehe Abschnitt 2.3.), weil der Energiezufluß um so größer ist, je länger die Zeit der Bestrahlung der magnetisch aktiven Atomkerne dauert. Bei höheren RF-Feldern muß die Registriergeschwindigkeit größer gewählt werden, um Sättigung zu vermeiden (d. h. die Registrierzeit muß kürzer sein).

RF-Leistung

Bis zu einem gewissen Punkt ergibt eine Steigerung der RF-Leistung
ein besseres Spektrum, da sie ja die Quelle der Energie ist, die Übergänge zwischen den Kernzuständen verursacht. Schließlich tritt aber
Sättigung ein (siehe Abschnitt 2.3.), und ein weiteres Anwachsen der
RF-Leistung führt zu abnehmenden und verbreiterten Linien. Abb.
9.1. zeigt die Veränderung im Aussehen der Resonanz von $CHCl_3$,
wenn die RF-Leistung erhöht wird, während alle übrigen Parameter
konstant gehalten werden. Der Punkt, an dem eine weitere Steigerung
der RF-Leistung zu einer Abnahme der Linienhöhe anstatt zu einer
Zunahme führt, kann nur durch wiederholte Registrierungen bei
wachsender RF-Leistung bestimmt werden.

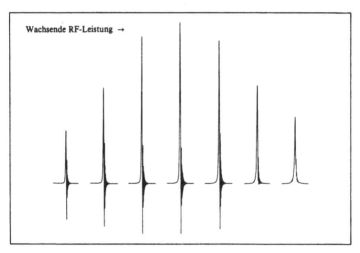

Abb. 9.1. Aussehen der Resonanz von $CHCl_3$ als Funktion zunehmender RF-
Leistung.

Es ist wichtig, sich daran zu erinnern, daß Sättigung für Kerne mit
Resonanzen bei unterschiedlichen chemischen Verschiebungen bei unterschiedlicher RF-Leistung eintritt, auch in demselben Molekül. Im
allgemeinen neigen Kerne, die scharfe, schmale Linien ergeben, leichter zur Sättigung. Man beobachtet auch, daß bei geringerer Registriergeschwindigkeit Sättigung bei geringerer RF-Leistung eintritt, weil die
geringere Registriergeschwindigkeit die Kerne längerer RF-
Bestrahlung aussetzt. Es gibt also ein Optimum der RF-Leistung für

größte Empfindlichkeit, das sowohl von den speziellen magnetisch aktiven Kernen, die betroffen sind, wie auch von der Registriergeschwindigkeit abhängt.

Spektrenamplitude

Die Spektrenamplitude wird normalerweise so eingestellt, daß die stärkste Linie im Spektrum die Breite des Diagrammpapiers völlig ausfüllt. Die dazu erforderliche Einstellung wird durch den Versuch bestimmt.

Filterung

Der Ausdruck „Filter" betrifft hier einen elektronischen Kreis, der dazu benutzt wird, etwas von dem hochfrequenten Rauschen, das im Detektorkreis vorhanden ist, abzuschneiden. Es ist besonders wünschenswert, dies zu tun, wenn man mit höherer Spektrenamplitude arbeitet. Abb. 9.2. zeigt den Glättungseffekt, den eine zunehmende Filterung auf das Grundrauschen hat, Abb. 9.3. zeigt die Veränderung im Aussehen der scharfen $CHCl_3$-Resonanz mit zunehmender Filterung.

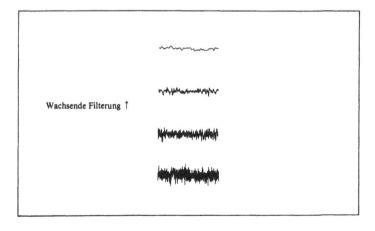

Abb. 9.2. Auswirkung zunehmender Filterung auf das Rauschen der Grundlinie.

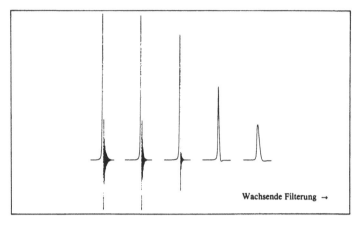

Abb. 9.3. Aussehen der Resonanz von CHCl₃ als Funktion zunehmender Filterung.

Zusätzlich zur Verminderung des Rauschens ist eine gewisse Filterung wünschenswert, um das Ausschwingen etwas zu dämpfen*). Wenn Linien dicht beieinander liegen, kann das Ausschwingen der einen die nächste überlappen. Da aber Filterung die Bewegung der Feder dämpft, werden die Linien bald verzerrt, wie man in Abb. 9.3. sehen kann, weshalb mit wachsender Filterung geringere Registriergeschwindigkeiten angewandt werden müssen. Mit der geringeren Registriergeschwindigkeit muß zur Vermeidung von Sättigung die RF-Leistung ebenfalls vermindert werden. Die Einstellung der Filter (ausgedrückt als Zeitkonstante in Sekunden) darf nicht größer sein als die Registriergeschwindigkeit (in Hz/sec). Für die übliche Registriergeschwindigkeit von etwa 1 Hz/sec sollte also das Filter auf einen Wert nicht größer als 1 sec eingestellt werden.

Phase (Liniensymmetrie)

Die Symmetrie der Absorptionslinien wird durch die Phaseneinstellung des Detektors beeinflußt. Abb. 9.4. zeigt das Aussehen der CHCl₃-Linie als Funktion der Phaseneinstellung. Wenn die RF-Leistung, die Spektrenamplitude oder das Lösungsmittel geändert

---

*) „Ausschwingen" ist ein allmählicher Rückgang der Federschwingung nach dem Durchgang durch eine scharfe Resonanzlinie bei hoher Homogenität des Magnetfeldes.

werden, kann eine geringe Nachjustierung der Phase nötig sein. Die Phaseneinstellung ist für die Registrierung des Spektrums nicht besonders kritisch, wohl aber für die Registrierung des Integrals.

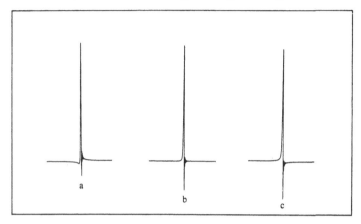

Abb. 9.4. Aussehen der Resonanz von CHCl₃ als Funktion der Phaseneinstellung. a: Korrektur im Uhrzeigersinn erforderlich; b: befriedigend; c: Korrektur entgegen dem Uhrzeigersinn erforderlich.

Rotation des Probenröhrchens

Um Restinhomogenitäten des Magnetfeldes teilweise auszumitteln, rotiert das die Probe enthaltende Röhrchen um seine Längsachse. Das wird erreicht, indem das Röhrchen in eine Kunststoffturbine eingesetzt wird, die im Meßkopf durch Druckluft betrieben wird. Die Lage des Röhrchens in der Turbine wird mit einer Tiefenlehre überprüft, und die Rotationsgeschwindigkeit wird durch den Fluß der Druckluft gesteuert. Abb. 9.5. zeigt das Aussehen der CHCl₃-Resonanz als Funktion der Rotationsgeschwindigkeit. Die zusätzlichen Linien, die auf jeder Seite der CHCl₃-Resonanz auftreten, sind Artefakten, die von der Rotation der Probe herrühren; sie werden Rotationsseitenbänder genannt. Für eine gegebene Rotationsgeschwindigkeit sind die Rotationsseitenbänder um so größer, je geringer die Homogenität des Magnetfeldes ist; wenn das Magnetfeld perfekt homogen wäre, gäbe es keine Rotationsseitenbänder. Die Probe erfährt ein nicht homogenes Magnetfeld nicht nur wegen der Nichthomogenität des Magnetfeldes selbst, sondern auch wegen der Ungleichförmigkeit der Röhrchenwände. Aus diesem Grund ergeben manche Röhrchen kleinere Seitenbänder als andere. Ein Röhrchen, das während der Rotation schlägt (nicht rund läuft), liefert ebenfalls größere Rotationsseitenbänder. Wie man aus Abb. 9.5. entnehmen kann, sind die Rotationsseitenbänder um so kleiner, je schneller das Röhrchen rotiert. Eine Rotationsfrequenz zwischen 30 und 60 Hz wird gewöhnlich ausreichend sein. Eine zu große Rotationsgeschwindigkeit verursacht ein Absinken des Rotationswirbels der Lösung im Röhrchen, so daß er in das empfindliche Volumen der Empfängerspule eintaucht; daraus resultiert ein plötzlicher Rückgang von Auflösung und Empfindlichkeit.

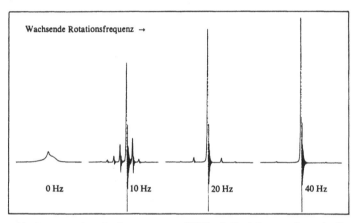

Abb. 9.5. Aussehen der Resonanz von $CHCl_3$ als Funktion zunehmender Rotationsfrequenz des Probenröhrchens.

Wenn die Rotationsgeschwindigkeit der Probe bekannt ist, kann man die Rotationsseitenbänder in einem Spektrum leicht herausfinden, denn sie erscheinen auf jeder Seite jeder Linie in einem Abstand, der gleich oder ein geradzahliges Vielfaches der Rotationsfrequenz ist (wie man in Abb. 9.5. sehen kann). Bei der Aufnahme eines Spektrums kann man die Rotationsseitenbänder herausfinden, indem man die Aufnahme mit einer anderen Rotationsgeschwindigkeit wiederholt; die Rotationsseitenbänder rücken dann in eine neue Lage. Man muß aber aufpassen, um nicht Rotationsseitenbänder von starken Linien mit echten schwachen Linien zu verwechseln. In einigen Spektren, die in diesem Buch als Beispiele gezeigt werden, kann man keine Rotationsseitenbänder sehen. Die ist so, weil wir versucht haben, durch ihre Registrierung mit kleinerer Spektrenamplitude Verwirrung zu vermeiden.

126

Feinjustierung von Y (Auflösung, Homogenität)

Die Probenröhrchenrotation kann Feldgradienten entlang der Rotationsachse (*Y*-Achse) nicht herausmitteln. Um daher die Magnetfeldhomogenität in dieser Richtung und damit die Auflösung zu optimieren, können kleine Berichtigungen des Feldes in dieser Richtung durch die Kontrolle „*Y* fein" vorgenommen werden. Die Auflösung des Instruments reagiert ganz besonders empfindlich auf diese Einstellung.

Maximale Magnetfeldhomogenität und damit Auflösung zeigt sich durch die maximale Linienhöhe (und damit minimale Linienbreite) und durch starkes Ausschwingen. Abb. 9.6d. zeigt die $CHCl_3$-Resonanz, wenn die „*Y* fein"-Kontrolle auf maximale Linienhöhe und optimales Ausschwingen eingestellt wird.

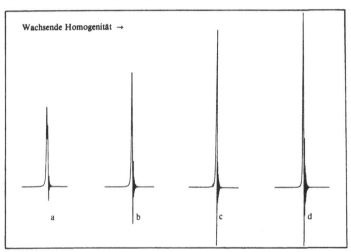

Abb. 9.6. Aussehen der Resonanz von $CHCl_3$ als Funktion der Justierung von „*Y* fein" (Auflösung; Feldhomogenität).

Die Verbesserung der Auflösung kann verfolgt werden, indem man entweder den Zuwachs an Linienhöhe oder die Verbesserung des Ausschwingens beobachtet. In der Nähe der optimalen Einstellung werden nur noch ganz geringe Justierungen benötigt.

Nach Optimierung der Auflösung durch Justierung von „*Y* fein" erfordert jeglicher Probenwechsel (oder auch nur das Herausnehmen und sofortige Wiedereinsetzen des Probenröhrchens) unbedingt eine erneute Justierung von „*Y* fein" auf maximale Auflösung.

Um die beste Auflösung erzielen zu können, muß die Probe im Temperaturgleichgewicht mit dem Meßkopf sein, der das Probenröhrchen im Instrument enthält. Es ist daher richtig, die Justierung der Auflösung zuletzt vorzunehmen. Die quantitative Bestimmung der Auflösung wird im nächsten Abschnitt besprochen.

Aufnahme eines Routinespektrums

Nach der Probenvorbereitung (Kap. 8) kann man ein erstes Übersichtsspektrum nach folgendem Verfahren gewinnen:

1. Wische das Probenröhrchen sorgfältig ab, um alles, was an der Außenseite haften kann, wie verschüttete Lösung oder Fingerabdrücke, zu entfernen. Benutze dazu Seidenpapier oder ein reines Tuch. Unterlassen des sorgfältigen Abwischens des Röhrchens führt zu einer Ansammlung von Schmutz, Fett und anderen Rückbleibsel im Meßkopf, wo letztlich die Auflösung vermindert und die Rotation bis zu einem Punkt beeinträchtigt wird, daß der Meßkopf ausgebaut und gereinigt werden muß.

2. Stecke das Probenröhrchen in die Luftturbine und überprüfe ihre Lage mit der Tiefenlehre.

3. Wische das Röhrchen erneut ab, um jeden Staub aus der Tiefenlehre zu beseitigen.

4. Setze das Probenröhrchen sorgfältig in den Meßkopf ein und justiere den Druckluftfluß so, daß das Probenröhrchen mit 30 bis 60 Hz rotiert.

5. Stelle die gewünschten Werte von Registrierbreite, Sweep Offset und Registrierzeit ein. Für eine unbekannte Verbindung sind Werte von 10 ppm für die Registrierbreite, 0 für Sweep Offset und 10 min für die Registrierzeit angebracht.

6. Stelle die RF-Leistung auf einen mittleren (oder empfohlenen anderen) Wert des Bereichs ein.

7. Stelle das Filter auf den niedrigsten Wert ein.

8. Wenn das Instrument einen Flachbettschreiber anstatt eines Streifenschreibers hat, lege ein Blatt eines unbedruckten Papiers auf die Schreiberplatte oder benutze ein vorgedrucktes Diagrammpapier und lege darüber ein Blatt eines billigen, durchscheinenden Papiers.

9. Stelle die Spektrenamplitude irgendwo in der Mitte ihres Bereiches ein.

10. Setze das Spektrometer in Gang und registriere das Spektrum.

Angenommen, man erhält irgendeine Art von Spektrum, dann ist es jetzt Zeit, es zu verbessern, indem man verschiedene Justierungen vornimmt und Teile des Spektrums erneut aufnimmt, bis man mit dem Ergebnis zufrieden ist. Als erstes wird die Spektrenamplitude fast sicherlich eine Justierung benötigen, um die gewünschte Linienhöhe zu erzielen. Zweitens kann die Auflösung optimiert werden, indem man abwechselnd eine starke, scharfe Linie (gewöhnlich die Referenzlinie) registriert und „Y fein" justiert. Die Phase kann justiert werden, obwohl dies gewöhnlich nicht nötig ist, außer man ändert das Lösungsmittel oder verändert die RF-Leistung stark. Schließlich legt man die Resonanz der Referenzsubstanz mit Hilfe des Sweep Offset auf den richtigen Wert. Die Referenzlinie kann als solche erkannt werden, weil sie (1) nahe dem erwarteten Wert erscheint und (2) eine sehr scharfe Linie ist. Diese Justierung macht man zuletzt, weil der Nullpunkt sich verschiebt, während die Probe mit dem Meßkopf ins Temperaturgleichgewicht kommt. (Wenn die Referenzlinie wegen der Einstellung des Sweep Offset außerhalb der Skala liegt, stelle den Sweep Offset auf 0, lege die Referenzlinie auf den Registriernullpunkt und stelle dann den vorigen Sweep Offset wieder ein). Nun wird das Spektrum auf dem Diagrammpapier registriert. Bei der Registrierung der Referenzlinie kann es notwendig sein, kurzzeitig die Spektrenamplitude zu erhöhen, um die Referenzlinie sehen zu können, oder zu erniedrigen, um sie innerhalb der Schreibbreite des Diagramms zu halten.

Mit einer verdünnten Probe ist es schwieriger, ein gutes Spektrum zu erhalten. RF-Leistung, Spektrenamplitude und Filter müssen alle erhöht werden; eine optimale Kombination dieser Einstellungen muß man durch den Versuch finden. Sättigung muß ebenso vermieden werden wie eine Linienverzerrung durch zu starkes Filtern.

Für eine unbekannte Substanz prüfe man immer auch den Bereich von $\delta = 20$ bis 10 ($\tau = -10$ bis 0). Zwar treten Signale in diesem Bereich nicht häufig auf, wenn man sie aber übersieht, wird man eine wertvolle Information verlieren.

Wenn man nicht wenigstens ein grobes Spektrum erhält, dann muß man alle Instrumenteneinstellungen überprüfen, um sicher zu sein, daß sie sind, wie sie sein sollen; außerdem überzeuge man sich, daß das Probenröhrchen rotiert. Wenn dies nichts hilft, nimmt man die Probe aus dem Instrument heraus und ersetzt sie durch eine Standardprobe, z. B. 12% TMS in Chloroform (scharfe Singulettlinien bei $\delta = 0,00$ und $7,27$). Durch die Registrierung der Standardprobe kann man sich vergewissern, daß das Instrument richtig eingestellt ist. Wenn man mit der Standardprobe kein Spektrum erhält, muß man mit jemandem sprechen, der mit dem Instrument vertraut ist. Wenn man das Spektrum der Standardprobe erhält, dann ist die Meßprobe entweder zu sehr verdünnt oder man hat es mit einem der in Abschnitt 8.1. beschriebenen Probleme zu tun. Wenn es mißlingt, ein Spektrum zu erhalten, liegt es fast immer an der Probe.

9.2. Optimierung und Messung der Auflösung

In praktischer Hinsicht ist die Auflösung (das Auflösungsvermögen) die Fähigkeit des Instruments, nahe beieinander liegende Linien unterscheiden zu können. Wenn die einer Linie eigene natürliche Breite klein ist, ist die Linienbreite in halber Höhe ein Maß für das Auflösungsvermögen eines Spektrometers; ein Minimalwert wird angestrebt. Abb. 9.7. veranschaulicht diese Messung der Auflösung. Da eine Erhöhung der Auflösung die Absorptionslinien sowohl größer als auch schlanker macht, verbessert sie gleichzeitig das Verhältnis S/N.

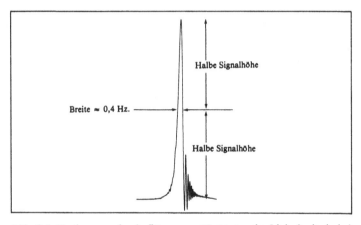

Abb. 9.7. Bestimmung des Auflösungsvermögens aus der Linienbreite in halber Linienhöhe.

Der gewöhnlich benutzte innere Standard Tetramethylsilan besitzt eine Eigenlinienbreite, die auf 0,02 Hz geschätzt wird. Ein Spektrometer, das mit diesem Standard eine Auflösung von 0,1 Hz aufweist, ist ein ganz hervorragendes Instrument. Auflösungen von 0,4 bis 0,6 Hz sind die Norm, und für Routineuntersuchungen ist dies ausreichend. Ausgenommen detaillierte Analysen von Spin-Spin-Aufspaltungen, werden Aufspaltungen von weniger als 1 Hz häufig vernachlässigt.

Da TMS eine so scharfe Resonanz besitzt, kann es für eine schnelle Überprüfung der Instrumentenbedingungen benutzt werden. Ein brei-

tes TMS-Signal zeigt an, daß etwas nicht in Ordnung ist. Wenn die beobachtete Linienbreite des TMS-Signals (entgast in einem inerten Lösungsmittel) kleiner als 0,5 Hz ist, wird das Kriterium der Linienbreite
sowohl ungenau wie auch unbequem. Das Auflösungsoptimum kann
dann am bequemsten aus der Linienhöhe und der Güte des Ausschwingens abgeschätzt werden.

Da für genaue Untersuchungen ein zahlenmäßiger Wert der Auflösung benötigt wird, sind einige andere Tests als exaktere Prüfung der
Spektrometergüte begünstigt worden. Ein Auflösungsstandard ist die
Resonanz des Aldehydprotons von reinem Acetaldehyd (CH_3CHO).
Diese Resonanz erscheint bei δ = 9,80 als ein 1:3:3:1-Quartett mit einem Linienabstand von 2,85 Hz. Da für diesen Auflösungstest das
Quartett mit einer Registrierbreite von 25 Hz aufgenommen wird, muß
der Sweep Offset bei einem 60-MHz-Instrument auf + 575 Hz eingestellt werden. Abb. 9.8. zeigt eine solche Registrierung des Acetalde-
hydquartetts. Die Auflösungsgüte wird sowohl durch die Linienbreite
in halber Höhe (ungefähr 0,3 Hz) als auch durch das gute Ausschwingen angezeigt (langsamer Abfall der Amplitude so, daß das erste Auf-
wärtsschwingen nach jedem der beiden mittleren Linien ungefähr die
Höhe der beiden äußeren Linien erreicht).

Die Auflösung muß durch abwechselnde kleine Justierungen von
„Y fein" und Registrierungen der Testprobe optimiert werden. Nahe

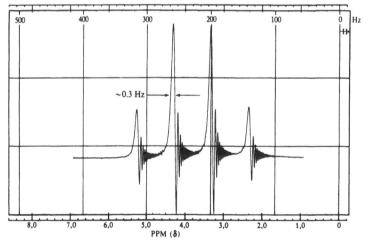

Abb. 9.8. Bestimmung des Auflösungsvermögens eines NMR-Spektrometers
mit dem Aldehydquartett von Acetaldehyd.

bei der Einstellung für das Auflösungsoptimum sind die erforderlichen Justierungen tatsächlich sehr klein, und es ist manchmal nützlich, nach der Justierung ein paar Sekunden zu warten, bevor man die Testregistrierung vornimmt. Wenn die angestrebte Auflösung nicht durch Justierung von „*Y* fein" erreicht werden kann, sollte das Instrument von jemandem, der mit seinen Eigenheiten völlig vertraut ist, neu abgestimmt werden. Man erinnere sich aber, daß fast alle Schwierigkeiten bei der Spektrenaufnahme von der Probe und nicht von dem Instrument herrühren.

Abstimmung auf das Auflösungsmaximum nimmt Zeit in Anspruch, aber glücklicherweise ist ein maximales Auflösungsvermögen nicht oft erforderlich. Ein relativ schnelles und befriedigendes Verfahren zur Abstimmung eines Varian-T-60-Instrumentes ist das folgende:

1. Registriere das Acetaldehydquartett mit den folgenden Instrumenteneinstellungen:

Filter	1
Spektrenamplitude	5,0
RF-Leistung	0,01
Registrierzeit	250 sec
Registrierbreite	25 Hz
Sweep Offset	575 Hz (hängt davon ab, wie gut TMS auf den Nullpunkt gelegt worden ist)

2. Stelle die RF-Leistung auf 0,0075, die Spektrenamplitude auf 1, setze den Feld-Sweep durch Lösen aller Registrierbreitenknöpfe außer Betrieb und schalte von „Betrieb" auf „Justierung".

3. Dann justiere während der Registrierung mit der Registrierzeit von 250 sec ganz langsam die Auflösung „*Y* fein", so daß der Federausschlag ein Maximum wird. In seltenen Fällen ist dazu eine geringfügige Änderung in der Kontrolle „Krümmung" nützlich.

4. Schalte von „Justierung" zurück auf „Betrieb", überprüfe alle Einstellungen gemäß Punkt 1 und registriere erneut das Acetaldehydquartett.

Es ist wichtig, sich daran zu erinnern, daß zur Erzielung der bestmöglichen Auflösung die Probe mit dem Meßkopf im Temperaturgleichgewicht sein muß.

Auch nachdem man die gewünschte Auflösung, angezeigt durch irgendeinen der erwähnten Tests, erreicht hat, muß das magnetische Feld nach Einsetzung der Probe neu justiert werden, wenn das Auflösungsmaximum angestrebt wird (wegen der Unterschiede in den magnetischen Eigenschaften der verschiedenen Lösungsmittel und der verschiedenen Probenröhrchen).

9.3. Integration des Spektrums

Verglichen mit der Gewinnung des Spektrums ist die Integration des Spektrums zur Erlangung der relativen Linienflächen etwas anspruchsvoller, und sorgfältige Arbeit ist zur Gewinnung aussagekräftiger Daten notwendig.

Während zur Erlangung auswertbarer Daten für die chemische Verschiebung verdünnte Lösungen empfehlenswert sind, muß man für die Integration eine so konzentrierte Probe wie nur möglich fordern. Bei stärker verdünnten Proben führt die erforderliche große RF-Leistung zur Sättigung, und mit den größeren Spektrenamplituden werden regellose Triften und Rauschen merklicher. Zusätzlich dazu sind Verunreinigungen im Lösungsmittel, wie z. B. die restlichen Protonenverbindungen in deuterierten Lösungsmitteln, bei konzentrierten Lösungen weniger störend. Bei verdünnten Lösungen kann eine Probe, die kein zufriedenstellendes Integral liefert, dennoch ein brauchbares Absorptionsspektrum ergeben.

Hohe RF-Leistung ist erstrebenswert, um ein besonders günstiges Verhältnis S/N zu erzielen. Andererseits muß Sättigung vermieden werden, weil sie zu Fehlern in den Linienflächenverhältnissen führt. Die optimale RF-Leistung wird durch wiederholte Registrierungen der interessierenden Teile des Spektrums bei höher und höher gewählter

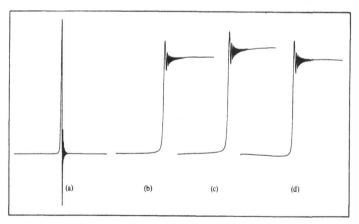

Abb. 9.9. Einfluß der Einstellung der Detektorbalance auf Spektrum und Integral. (a) Absorptionsspektrum; (b) Detektorbalance richtig eingestellt; (c) Detektorbalance nicht korrekt (Aufwärtstrift); (d) Detektorbalance nicht korrekt (Abwärtstrift).

133

RF-Leistung gefunden. Schließlich wird ein Punkt erreicht, wo die Linienhöhen mit wachsender RF-Leistung nicht mehr zunehmen. An diesem Punkt tritt die Sättigung ein, und die RF-Leistung sollte etwas zurückgenommen werden. Für die besten Ergebnisse muß jede interessierende Resonanz auf Sättigung geprüft werden, da einige Kerne leichter sättigen als andere. Da die Gegenwart von gelöstem Sauerstoff in der Probe zur Verminderung und Gleichmachung der Relaxationszeiten führt (was die Neigung zur Sättigung vermindert und gleichmacht), kann das Entgasen der Proben für die Integration nicht empfohlen werden.

Nach Optimieren der RF-Leistung wird ein überschlägiges Integral durch Registrierung im Integrationsbetrieb gewonnen. Das Integral muß schnell registriert werden, um die Trift der Feder und – noch bedeutungsvoller – zufällige Änderungen darin zu vermeiden; eine Registrierzeit von 1/5 oder 1/10 der zur Registrierung des Absorptionsspektrums benutzten wird gewöhnlich richtig sein. Die Integralamplitude wird mit zusätzlichen Registrierungen so justiert, daß die Schreibbreite des Papiers voll ausgenutzt wird.

Die verbleibenden Probleme sind die Justierung von Phasen- und Balance-Kontrollen (Trift und Nullpunkt). Die Phasenkontrolle ist dieselbe wie in Abschnitt 9.1. diskutiert. Wenn beide Kontrollen korrekt eingestellt sind, verläuft die Integralaufzeichnung vor und nach dem vertikalen Anstieg für jede Linie vollständig horizontal (siehe Abb. 9.9b.). Wenn die Balance nicht richtig eingestellt ist, tritt eine abwärts oder aufwärts gerichtete Trift für alle horizontal verlaufenden Teile des Integrals auf, obwohl sie noch parallel zueinander sind (siehe Abb. 9.9c. und 9.9d.). Wenn die Phase nicht richtig eingestellt ist, sind die horizontalen Teile des Integrals nicht mehr parallel zueinander (siehe Abb. 9.10. und 9.11.). Wenn sowohl die Balance wie auch die Phase unrichtig eingestellt sind, überlagern sich die beiden Fehlertypen.

Die Balance sollte vor der Phase justiert werden. Sie wird am besten eingestellt, indem man das Spektrum mit Hilfe des Sweep Offset so verschiebt, daß die Feder sich weit weg von jeder Resonanzlinie befindet. Bei langsamer Registrierung wird dann die Balance justiert, bis keine auf- oder abwärts gerichtete Trift mehr zu sehen ist.

Die Phase wird eingestellt durch Registrierung des Integrals und Justiermaßnahmen entsprechend Abb. 9.10. und 9.11. Die Phaseneinstellung ist im Aussehen des Integrals viel besser zu erkennen als im Absorptionsspektrum. Wie man aus Abb. 9.10. und 9.11. ersehen kann, ist die schlechte Justierung der Phase im Spektrum kaum bemerkbar, hingegen sehr deutlich im Integral.

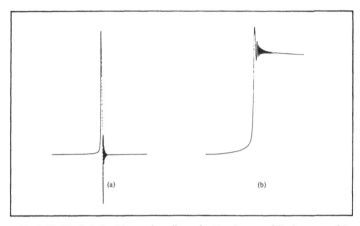

Abb. 9.10. Einfluß der Phaseneinstellung des Detektors auf Spektrum und Integral. (a) Absorptionsspektrum; (b) Phasenkorrektur entgegen dem Uhrzeigersinn erforderlich.

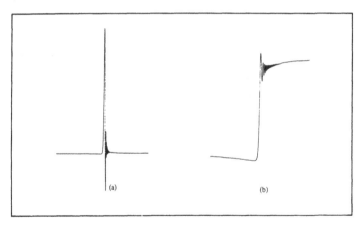

Abb. 9.11. Einfluß der Phaseneinstellung des Detektors auf Spektrum und Integral. (a) Absorptionsspektrum; (b) Phasenkorrektur im Uhrzeigersinn erforderlich.

Wenn es nicht möglich ist, die Integralaufzeichnung sowohl vor wie nach dem vertikalen Anstieg durch Phasenjustierung horizontal zu machen, dann ist die Balance falsch eingestellt. Da eine Fehljustierung der Phase sich in einer Trift in beträchtlichem Abstand von der Linie äußert, muß die Balance eingestellt werden, wenn die Feder so weit wie möglich von jeder Resonanzlinie entfernt ist. Wenn die RF-Leistung oder die Spektrenamplitude geändert wird, müssen Balance und Phase neu eingestellt werden.

Wenn das Instrument eingerichtet ist, sollte das Integral mehrere Male in beiden Richtungen registriert werden, um die Ergebnisse mitteln zu können. Eine Pause von ungefähr einer Minute zwischen zwei Registrierungen ist empfehlenswert, um Relaxation zuzulassen und Sättigung zu vermeiden.

Die Höhe des vertikalen Anstiegs in der Integralkurve ist proportional zur Zahl der magnetisch aktiven Kerne, die für die Resonanz verantwortlich sind. Für jeden Satz von magnetisch aktiven Kernen müssen alle Linien eines Multipletts und ebenso alle Rotationsseitenbänder erfaßt werden. Da die Bestimmung der relativen Flächen der Resonanzen von der Genauigkeit abhängt, mit der die vertikalen Anstiege gemessen werden können, ist es vernünftig, höhere Integralamplituden zu benutzen und die Integralkurve zwischen Resonanzlinien auf Null herabzusetzen, wann immer es möglich ist.

Eine nicht rotierende Probe kann zu einem genaueren Integral führen als eine rotierende. Wenn die Linien weit voneinander entfernt liegen, wird optimale Auflösung nicht benötigt, und das Instrument kann für die mit nicht rotierender Probe erzielbare beste Auflösung justiert werden. Gewöhnlich ist dann eine Auflösung von drei bis vier Hz einstellbar, und man kann mit einigen Magneten noch bessere Werte erreichen. Wenn die Linien nahe beieinander liegen, kann es nötig sein, die Probe rotieren zu lassen, um die erforderliche Auflösung zu erhalten. Wenn die Feldhomogenität groß ist, kann man das Ausschwingen sowohl im Absorptionsspektrum als auch im Integral sehen (Abb. 9.9. bis 9.11.). Wenn man nahe beieinander liegende Linien zu integrieren hat, ist es vorteilhaft, durch Justierung von „Y fein" die Auflösung leicht zu verschlechtern und so das Ausschwingen weitgehend zu eliminieren. Dies macht es leichter, die Stufenhöhen der Integralkurve zu messen.

Wenn maximale Empfindlichkeit gefordert wird, kann man von dem günstigen Umstand Gebrauch machen, daß das Integral schneller registriert wird als das Absorptionsspektrum, und die RF-Leistung um die Quadratwurzel aus dem Anstieg der Registriergeschwindigkeit erhöhen. Wenn z. B. die Registrierzeit für die Integration 1/10 von derjenigen ist, für die das Optimum der RF-Leistung für das Absorptionsspektrum bestimmt worden war, dann kann die RF-Leistung für die Registrierung des Integrals um den Faktor $\sqrt{10}$ (≈ 3) erhöht werden.

Das Fehlen von Sättigungseffekten kann bestätigt werden, indem man das Integral bei einer um ein weniges geringeren RF-Leistung erneut bestimmt und feststellt, daß die relativen Linienflächen unverändert sind. Wenn sie sich aber ändern, dann müssen weitere Bestimmungen bei noch geringeren RF-Leistungen vorgenommen werden. Jede Änderung der RF-Leistung kann eine Justierung von Balance und Phase zur Erzielung bester Ergebnisse nötig machen.

9.4. Eichung des Spektrometers

Eichung heißt das Verfahren, durch das man sich vergewissert, daß die Werte der Linienlagen des Absorptionsspektrums auf der Achse der chemischen Verschiebung für die Zwecke, für die das Spektrum aufgenommen wurde, genügend genau sind.

Für Routinevergleiche und -deutungen von NMR-Spektren, wie z. B. in der qualitativen organischen Analyse, ist eine Genauigkeit von ± 1 oder 2 Hz bezüglich der „wahren" Linienlage völlig ausreichend. Im allgemeinen setzt man voraus, daß das Spektrometer wenigstens mit dieser Genauigkeit arbeitet, aber diese Annahme kann leicht dadurch geprüft werden, daß man ein Spektrum aufnimmt, dessen Linienlagen als genügend genau angenommen werden. Z. B. erscheinen die Linien einer Lösung von 12% TMS in Chloroform bei $\delta = 0,00$ und $\delta = 7,27$ (oder bei einem 60-MHz-Instrument um 436 Hz voneinander getrennt).

Die Eichgenauigkeit des Sweep Offset kann auf ± 1 Hz geprüft werden, indem man die TMS-Resonanz der 12%igen TMS-Lösung in $CHCl_3$ registriert, dann den Sweep Offset auf + 436 Hz (bei einem 60-MHz-Instrument) einstellt und die Chloroformresonanz registriert. Die beiden Linien sollten zusammenfallen (unter der Annahme, daß keine Trift des Spektrometers entlang der Achse der chemischen Verschiebung während der Registrierung der beiden Linien auftritt).

Unter Benutzung derselben Probe kann die Eichgenauigkeit gedehnter Skalen auf ± 1 Hz getestet werden, indem man die TMS-Resonanz mit Hilfe des Sweep Offset auf $\delta = 0,00$ legt, dann den Sweep Offset auf den Wert einstellt, der theoretisch erforderlich ist, damit die Chloroformresonanz für die gedehnte Sweep-Breite am linken Ende des Diagramms erscheint (d. h. Sweep Offset = 186 Hz für die Registrierbreite von 250 Hz bei einem 60-MHz-Instrument) und die Chloroformlinie registriert. Die Chloroformresonanz sollte bei + 436 Hz erscheinen, exakt gleich der Summe von Registrierbreite und Sweep Offset (wieder unter der Annahme einer vernachlässigbaren Trift).

In allen gerade beschriebenen Verfahren bedeutet eine etwaige Trift entlang der Achse der chemischen Verschiebung während der Zeit zwischen den Registrierungen verschiedener Linien einen offensichtlichen Eichfehler. Die Trift kann bestimmt werden, indem man dieselbe Linie mit denselben Instrumenteneinstellungen in Zeitintervallen von zwei bis fünf Minuten registriert. Wenn eine bemerkbare Trift vorliegt, ist die Eichüberprüfung von Registrierbreite und Sweep Offset mit den beschriebenen Verfahren nicht sehr zuverlässig. Es ist durchaus möglich, daß ein Instrument genau geeicht ist, aber dennoch stark triftet.

Die Hauptursache der Trift rührt von Temperaturänderungen im Magneten her. Diese Trift kann verkleinert werden, indem man die Raumtemperatur so konstant wie nur möglich hält, dafür sorgt, daß Klimaanlagen oder Heizgeräte nicht unmittelbar auf das Instrument blasen, und indem man die Temperatur der Probe der Temperatur des Meßkopfes angleicht. Manche Instrumente verfügen daher über einen Aufbewahrungsplatz für Proben, der auf der Meßkopftemperatur gehalten wird. Bei Spektrometern, die bei einer Meßkopftemperatur von 35 °C arbeiten, kann man das Probenröhrchen mit der Hand erwärmen oder abkühlen; man achte jedoch darauf, das Röhrchen vor dem Einsetzen in das Instrument abzuwischen.

10. Epilog

In diesem kleinen Buch konnten wir nur damit beginnen, einige der Wege zu beschreiben, auf denen die NMR-Spektroskopie Information über die Molekülstruktur liefern kann. Wir haben andere Anwendungen der NMR-Spektroskopie überhaupt nicht erwähnt, z. B. die quantitative Analyse oder kinetische Untersuchungen; ebensowenig haben wir solche interessanten Erscheinungen wie Veränderung der Spektren mit Temperatur und Lösungsmittel, ^{13}C-Satelliten in Protonenresonanzspektren, NMR-Spektroskopie anderer magnetischer Kerne als des Protons oder die Bestimmung der Enantiomer-Reinheit durch NMR besprochen. In diesem Kapitel wollen wir einige sehr kurze Andeutungen über die Art und den Wert einiger dieser anderen Aspekte der NMR-Spektroskopie machen.

Hochfeld-Hochfrequenz-Spektrometer

Wenn es wichtig ist, so viel Strukturinformation wie möglich durch die NMR-Spektroskopie zu erlangen, kann man das Spektrum unter Benutzung eines mit einem sehr starken Magneten ausgerüsteten Spektrometers aufnehmen. Routine-NMR-Spektrometer arbeiten bei 60 MHz und 1,4092 Tesla, aber Instrumente, die mit 100 MHz und ungefähr 2,3 Tesla arbeiten, sind weit verbreitet; auch gibt es Spektrometer, die bei 300 MHz unter Verwendung eines supraleitenden Solenoiden mit ungefähr 7,0 Tesla arbeiten. Wenn, wie in Kap. 5 erklärt, magnetische Äquivalenz vorausgesetzt wird, dann erhöht ein größeres H_{ext} immer das Verhältnis $\Delta\delta/J$ und macht das Spektrum so einfacher. Wenn jedoch keine magnetische Äquivalenz vorliegt, führt diese Technik nicht notwendigerweise zu einem einfachen Spektrum. Da die Empfindlichkeit der NMR-Methode mit wachsendem H_{ext} zunimmt, können mit bei höherem Feld arbeitenden Instrumenten kleinere oder mehr verdünnte Proben untersucht werden. Das Studium von Biopolymeren (z. B. Enzymen) wurde durch die Verfügbarkeit von Hochfeldspektrometern sehr erleichtert.

Spin-Entkopplung

Eine wichtige Technik zur Vereinfachung von NMR-Spektren betrifft die Bestrahlung von Kernen bei einer bestimmten chemischen Verschiebung mit intensiver RF-Strahlung ihrer Resonanzfrequenz, während gleichzeitig die Resonanz anderer Kerne bei einer verschiedenen chemischen Verschiebung registriert wird. Diese Technik dient dazu, die registrierten Kerne von jeder Kopplung zu den bestrahlten Kernen zu befreien; sie vereinfacht so das Spektrum und zeigt an, welche Kerne miteinander koppeln. Diese Spin-Entkopplung kann durchgeführt werden, um die Kopplung von Protonen mit Protonen (ein Beispiel von homonuklearer Spin-Entkopplung) oder den Effekt von anderen magnetisch aktiven Kernen wie ^{19}F auf Protonen (heteronukleare Spin-Entkopplung) auszuschalten.

Computereinsatz

Computertechnik wird in der NMR-Spektroskopie viel verwendet. Es sind Programme geschrieben worden, die experimentelle Linienlagen und Intensitäten als Eingangsdaten benutzen und sowohl eine Tabelle der chemischen Verschiebungen und Kopplungskonstanten wie auch eine graphische Darstellung eines simulierten NMR-Spektrums, gerechnet mit diesen Werten als Ausgangsdaten, liefern. Wenn das synthetische Spektrum aussieht wie das experimentelle, nimmt man an, daß die berechneten chemischen Verschiebungen und Kopplungskonstanten die der unbekannten Substanz sind.

Eine andere Art von Computertechnik betrifft eine völlig andere Art der Gewinnung des NMR-Spektrums. Anstatt ein äußerst schmales Band einer kontinuierlichen RF-Strahlung bei der Resonanzfrequenz und langsam wachsendes H_{ext} zu benutzen, um die unterschiedlich abgeschirmten Kerne zur Resonanz zu bringen, wird das magnetische Feld konstant gehalten und ein kurzer, sehr intensiver RF-Leistungsimpuls verwendet. Die Bandbreite des Impulses ist genügend groß, daß Kerne bei allen chemischen Verschiebungen gleichzeitig angeregt werden. Der nachfolgende Relaxationsprozeß erzeugt ein sehr komplexes Interferenzbild, das die Fourier-Transformierte (FT) des gewöhnlichen, mit langsamer Veränderung entweder von H_{ext} oder der RF-Frequenz gewonnenen Spektrums (continuous wave, CW) ist. Der Computer speichert das Interferenzbild von vielen aufeinander folgenden Impulsen (einer alle zwei Sekunden oder so), mittelt sie zur Rauscherniedrigung und berechnet und zeichnet schließlich das zugehörige CW-Spektrum aus den aufsummierten Fouriertransformierten. Da alle magnetisch aktiven Kerne alle zwei Sekunden gleichzeitig angeregt werden anstatt – um einen typischen Wert herauszugreifen – einmal während einer 500 Sekunden dauernden Registrierung, können viel mehr Spektren in einem gegebenen Zeitraum aufgenommen und gemittelt werden. Die FT-Technik bedeutet einen 20 bis 30fachen Empfindlichkeitsanstieg oder eine entsprechende Verkürzung der Zeit, die für ein brauchbares Spektrum benötigt wird.

Quantitative Analyse

Die Integralkurve des Protonenresonanzspektrums einer Mischung kann Auskunft über die relativen Mengen der Komponenten geben. Wenn z. B. in einer Mischung von *A* und *B* die Stufenhöhe des Integrals einer Methylresonanz der Verbindung *A* zwanzig Einheiten beträgt, die einer Methylresonanz der Verbindung *B* zehn, dann muß es zweimal soviel *A* wie *B* in der Mischung geben. Die quantitative Analyse durch diese Technik ist besonders vorteilhaft, wenn die Mischungskomponenten schwierig oder überhaupt nicht zu isolieren sind. Als Beispiel dafür betrachten wir die tautomeren Formen von Acetylaceton, die bei Raumtemperatur miteinander in rasch sich einstellendem Gleichgewicht vorliegen:

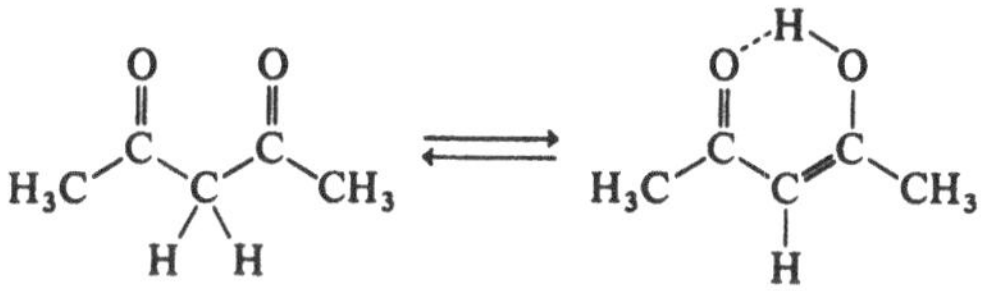

keto   enol

Acetylaceton

Das Protonenresonanzspektrum einer Probe von reinem Acetylaceton ist in Abb. 10.1. zu sehen. Dieses Spektrum wird in folgender Weise interpretiert:

Gruppe	δ
$-\overset{\text{O}}{\overset{\|}{\text{C}}}-CH_3$ (Keto- und Enolform)	2,05
$C=C-CH_3$ (Enolform)	2,2
$-CH_2-$ (Ketoform)	3,65
$C=C-H$ (Enolform)	5,6
$-OH$ (Enolform)	~15

Das Integral dieses Spektrums zeigt, daß das Verhältnis der Fläche der $C=CH$-Resonanz zu der der CH_2-Resonanz ziemlich genau 2:1 ist. Wenn man den Umstand berücksichtigt, daß es ein $C=CH$-Proton und zwei CH_2-Protonen gibt, zeigt dieses 2:1-Verhältnis der Linienflächen an, daß das Verhältnis von Enol- zur Ketoform ungefähr 4:1 ist.

141

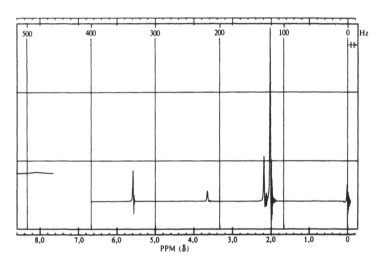

Abb. 10.1. Protonenresonanzspektrum von Acetylaceton in CCl₄;
Offset = 7 ppm.

Molekulargewichtsbestimmung

Wie oben gezeigt, hängt die Integralintensität einer Absorptionslinie im Protonenresonanzspektrum allein von der Molkonzentration der Substanz multipliziert mit der Zahl der Kerne pro Molekül, die dafür verantwortlich sind, ab. Deshalb ist die Integralintensität je Kern je Mol für alle Substanzen in der Probe dieselbe. Wenn eine bekannte Menge einer Substanz von bekanntem Molekulargewicht zu einer Probe hinzugefügt wird, die eine bekannte Menge einer Substanz von unbekanntem Molekulargewicht enthält, dann gilt aus diesem Grund die folgende Gleichung:

$$\frac{I_s/n_s}{w_s/MW_s} = \frac{I/n}{w/MW},$$

worin

I_s = Integralintensität der Linie des Standards,
n_s = Zahl der Kerne, die für die Linie des Standards verantwortlich sind,
w_s = Menge des beigefügten Standards,
MW_s = Molekulargewicht des Standards,
I = Integralintensität der Linie der Unbekannten,

142

n = Zahl der Kerne, die für die Linie der Unbekannten verantwortlich sind,

w = Menge der Unbekannten,

MW = Molekulargewicht der Unbekannten

bedeuten. Demnach kann das Molekulargewicht der unbekannten Substanz berechnet werden. Löst man die Gleichung nach dem Molekulargewicht der Unbekannten auf, dann ergibt sich

$$MW = \frac{I_s \cdot n \cdot w}{I \cdot n_s \cdot w_s} \cdot MW_s.$$

Damit diese Methode erfolgreich ist, benötigt man eine deutliche Resonanz, gut getrennt vom restlichen Spektrum, sowohl für die Unbekannte als auch für den Standard. Für die Unbekannte ist ein starkes Methylsingulett besonders günstig, obwohl auch ein isoliert liegendes Multiplett benutzt werden kann. Der Standard ist so zu wählen, daß seine Resonanz gut getrennt von denen der Unbekannten ist. Mögliche Standards sind z. B. Jodoform (CHI_3) und 1,3,5-Trinitrobenzol.

NMR-Spektroskopie anderer Kerne als Proton

Viele andere Kerne außer dem Proton besitzen ein magnetisches Moment und sind daher grundsätzlich für die Analyse durch NMR-Technik geeignet. Wie die Tab. 2.1. zeigt, ist die Frequenz der RF-Strahlung, die für Energieabsorption in einem Magnetfeld von 1,4092 Tesla am Kernort benötigt wird, verschieden von den 60 MHz, die für Protonen erforderlich sind. Manchmal kann dasselbe Instrument für die NMR-Spektroskopie von mehr als einer Kernart eingerichtet werden, aber oft wird ein gesondertes Instrument für jede Kernart benutzt.

^{19}F-NMR-Spektroskopie wird fast genauso lange wie Protonenresonanzspektroskopie betrieben, da die Isotopenhäufigkeit von ^{19}F 100% ist; außerdem ist die ^{19}F eigentümliche Empfindlichkeit fast genau so groß wie für ^{1}H. Im Gegensatz dazu wird ^{13}C-NMR-Spektroskopie erst seit den letzten Jahren angewendet, weil ^{13}C nur mit einer natürlichen Häufigkeit von ungefähr 1% vorkommt (^{12}C, mit einer natürlichen Häufigkeit von 99%, ist nicht magnetisch aktiv) und die ^{13}C eigentümliche Empfindlichkeit nur 6% von der für ^{1}H ist. Die Routineanalyse von Verbindungen mit ^{13}C in natürlicher Häufigkeit mußte die Entwicklung hochempfindlicher NMR-Spektrometer und anderer Techniken unter Einschluß der zeitlichen Mittelung vieler Spektren (zur Herausmittelung des statistischen Rauschens) und die besonders effiziente Methode der FT-Spektroskopie abwarten.

Weil die relative Häufigkeit von ^{13}C so niedrig ist, ist es unwahrscheinlich, daß ein ^{13}C-Kern in einem Molekül einen zweiten ^{13}C-Kern als unmittelbaren Nachbarn hat. Demnach ist die Aufspaltung einer ^{13}C-Resonanz durch Kopplung mit einem benachbarten ^{13}C-Kern unwahrscheinlich. Wenn die Protonen in dem Molekül spin-entkoppelt werden, wie oben beschrieben, besteht das ^{13}C-Resonanzspektrum aus einer Reihe von einfachen Linien. In einem günstigen Fall kann die Zahl strukturell verschiedener Kohlenstoffatome in einem Molekül einfach durch Abzählen der Linien in seinem Protonen-entkoppelten ^{13}C-NMR-Spektrum bestimmt werden. ^{13}C-NMR-Spektroskopie ist in der Analyse von großen, biochemisch wichtigen Molekülen von großem Nutzen, weil die ^{13}C-Spektren sehr viel einfacher sein können als die entsprechenden ^1H-Spektren.

Verschiebungsreagenzien

Es wurde eine Klasse von Verbindungen entwickelt, die „Verschiebungsreagenzien" genannt werden. Nach Hinzufügen zu einer NMR-Probe verursacht ein Verschiebungsreagenz eine Vergrößerung der Unterschiede der chemischen Verschiebung. Diese Vergrößerung der Differenzen der chemischen Verschiebung kann überlappende Resonanzen zum Auseinanderrücken bringen und das Verhältnis $\Delta\delta/J$ vergrößern. Für ein Spinsystem mit magnetischer Äquivalenz kann ein Anwachsen des Verhältnisses $\Delta\delta/J$ bewirken, daß ein Spektrum sich der 1. Ordnung nähert oder die $(N + 1)$-Regel gilt. Abb. 10.2. und 10.3. zeigen Protonenresonanzspektren von 2-Methyl-3-buten-2-ol. Die für die beiden Spektren benutzte Probe war dieselbe, ausgenommen daß eine kleine Menge eines Verschiebungsreagenz vor der Registrierung des in Abb. 10.3. gezeigten Spektrums beigefügt worden war. Das Hinzufügen des Verschiebungsreagenz läßt die überlappenden Linien der Vinylresonanz auseinanderrücken und die erwarteten drei Paare von Dubletts hervortreten (vergleiche mit Abb. 4.11. und 7.6.).

Abb. 10.4. und 10.5. zeigen Protonenresonanzspektren von 2-Methyl-2-butanol. Die für beide Spektren benutzte Probe war wieder dieselbe mit dem Unterschied, daß vor der Registrierung des zweiten Spektrums ein Verschiebungsreagenz hinzugefügt worden war. Als Ergebnis des Zusatzes des Verschiebungsreagenz wurde die verzerrte Äthylresonanz von Abb. 10.4. so verändert, daß sie mehr das Aussehen einer Äthylresonanz 1. Ordnung annimmt (vergleiche mit Abb. 5.6.).

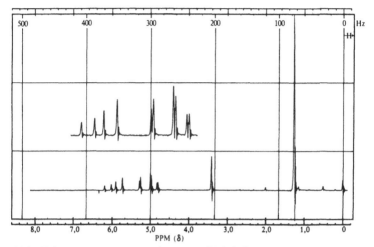

Abb. 10.2. Protonenresonanzspektrum von 2-Methyl-3-buten-2-ol in CCl$_4$ ohne Verschiebungsreagens.

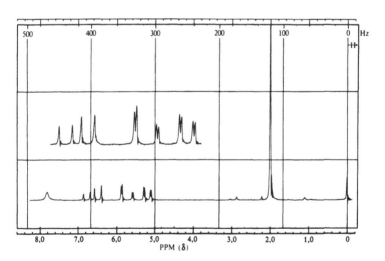

Abb. 10.3. Protonenresonanzspektrum von 2-Methyl-3-buten-2-ol in CCl$_4$ nach Zusatz von Tris-(2,2,6,6-tetramethylheptan-3,5-dionato)europium(III).

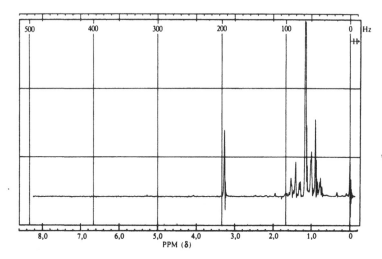

Abb. 10.4. Protonenresonanzspektrum von 2-Methyl-2-butanol in CCl$_4$ ohne Verschiebungsreagens.

In beiden Beispielen verursacht der Zusatz des Verschiebungsreagenz, daß alle Protonen weniger abgeschirmt sind. Der Effekt ist jedoch um so größer, je näher die Protonen der Stelle der Koordination des Verschiebungsreagenz (das ist das Sauerstoffatom) liegen. Deshalb wird die Lage der Resonanz von Protonen dicht bei dem Sauerstoff mehr geändert als diejenige von Protonen weiter weg vom Sauerstoff; die Differenz der chemischen Verschiebung solcher Protonen wird durch das beigefügte Verschiebungsreagenz vergrößert.

2-Methyl-3-buten-2-ol

2-Methyl-2-butanol

In beiden Beispielen lag die OH-Protonenresonanz ursprünglich bei $\delta \approx 3{,}4$. Nach Zusatz des Verschiebungsreagenz wanderte sie im ersten Fall nach $\delta = 7{,}8$ (Abb. 10.3.) und im zweiten nach $\delta > 8{,}3$ (Abb. 10.5.).

146

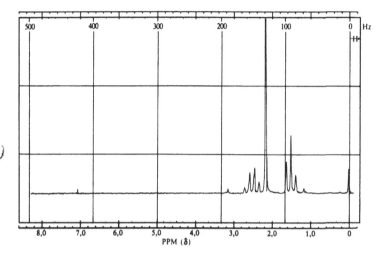

Abb. 10.5. Protonenresonanzspektrum von 2-Methyl-2-butanol in CCl₄ nach Zusatz von Tris-(2,2,6,6-tetramethylheptan-3,5-dionato)europium(III).

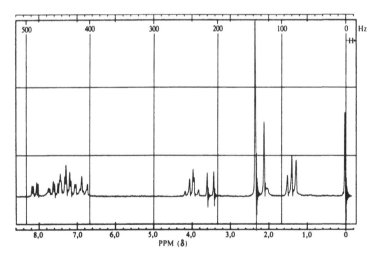

Abb. 10.6. Protonenresonanzspektrum von 60 mg einer Schmerztablette in 0,5 ml CDCl₃.

Abb. 10.6. und 10.7. zeigen das NMR-Spektrum und Integral einer Lösung von 60 mg einer Schmerztablette, die Acetylsalicylsäure (Aspirin), Phenacetin und Coffein enthält, in 0,5 ml $CDCl_3$. Bestimme die relativen Mengen von Aspirin, Phenacetin und Coffein in der Tablette. Die Spektren dieser drei Verbindungen sind in Abb. 7.15., 7.13. und 7.20 gezeigt worden.

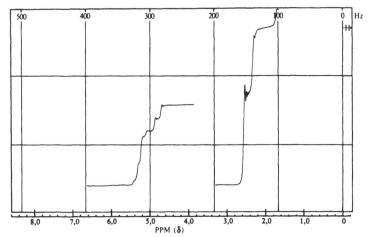

Abb. 10.7. Integral des Spektrums von Abb. 10.6. Linke Kurve: Integral von $\delta = 5,3$ ppm bis $\delta = 2,8$ ppm; rechte Kurve: Integral von $\delta = 3,0$ ppm bis $\delta = 1,5$ ppm.

11. Anhang

Lösungen zu den Aufgaben *)

Kap. 3

3.1. a, b, d, e, f, g.

3.2. a) CH_3CCl_3

b)  $Cl-\langle\bigcirc\rangle-Cl$

c) 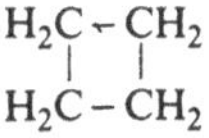 $\begin{array}{c} H_2C - CH_2 \\ |\quad\;\; | \\ H_2C - CH_2 \end{array}$

d) $ClCH_2CH_2Cl$

e) $CH_2 = C = CH_2$

3.3. a) $C(CH_3)_4$

b) 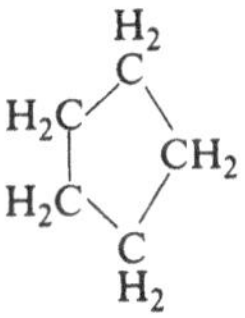 $\begin{array}{c} H_2 \\ C \\ H_2C\diagup\;\;\diagdown \\ \quad\quad CH_2 \\ H_2C\diagdown\;\;\diagup \\ C \\ H_2 \end{array}$

c) $\begin{array}{c} H_2C\quad\quad CH_2 \\ \diagdown\;\diagup \\ H_2C\quad\quad CH_2 \end{array}$

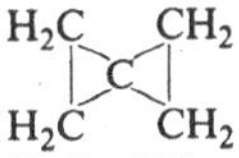

d) 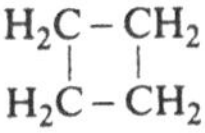 $\begin{array}{c} H_2C - CH_2 \\ |\quad\;\; | \\ H_2C - CH_2 \end{array}$

e) $CH_3C \equiv CCH_3$

f) 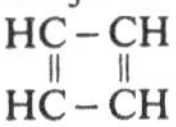 $\begin{array}{c} HC - CH \\ \|\quad\;\; \| \\ HC - CH \end{array}$

g) $CH \equiv C - C \equiv CH$

h) $CH_3 - O - CH_3$

i) 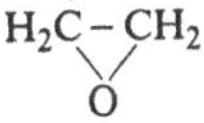 $\begin{array}{c} H_2C - CH_2 \\ \diagdown\;\diagup \\ O \end{array}$

j) 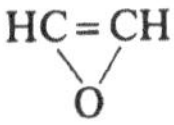 $\begin{array}{c} HC = CH \\ \diagdown\;\diagup \\ O \end{array}$

k) $CH_3 - CCl_2 - CH_3$

l) $CH_2Cl - CCl_2 - CH_2Cl$

---

*) Abkürzungen für Multiplettbezeichnungen: S = Singulett, D = Dublett, T = Triplett, Q = Quartett, Sept. = Septett.

149

m)

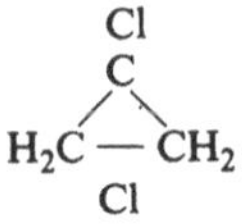

$$\underset{\underset{Cl}{|}}{\overset{\overset{\displaystyle Cl}{|}}{\underset{H_2C - CH_2}{C}}}$$

n)

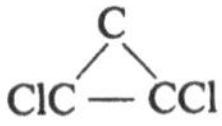

$$\overset{C}{\underset{ClC - CCl}{\diagup\,\diagdown}}$$

o)

$$\underset{\underset{H_2\ H_2}{C - C}}{\overset{\overset{H_2\ H_2}{C - C}}{O\diagdown\quad\diagup O}}$$

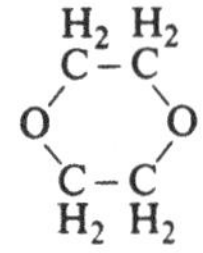

3.4. a)

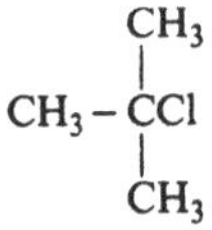

$$\underset{\underset{CH_3}{|}}{\overset{\overset{\displaystyle CH_3}{|}}{CH_3 - CCl}}$$

b)  $Cl-\!\!\bigcirc\!\!-Cl$

c)

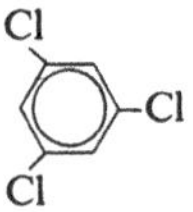

$$\underset{Cl}{\overset{Cl}{\bigcirc}}\!\!-Cl$$

d)

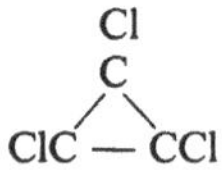

$$\overset{\overset{\displaystyle Cl}{|}}{\underset{ClC - CCl}{C}}$$

e)

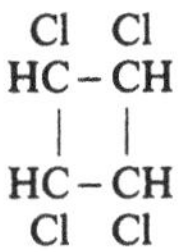

$$\underset{\underset{Cl\ \ Cl}{HC - CH}}{\overset{\overset{Cl\ \ Cl}{HC - CH}}{|\quad|}} \quad und \quad \underset{H_2C - CH_2}{\overset{Cl_2C - CCl_2}{|\quad\quad|}}$$

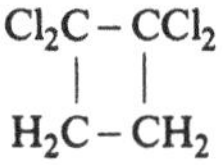

3.5. a) 5,09 ppm
    b) 3,33 ppm
    c) 6,69 ppm
    d) 4,95 ppm
    e) 6,69 ppm

3,6. a) 30 Hz
    b) 100 Hz

150

3.7. a) $7,03 \cdot 10^{-7}$ T
    b) $2,34 \cdot 10^{-6}$ T

3.8. Fünffach

3.9. ca. 59 210 ppm

3.10. a) 1:1
    b) 2:3
    c) 1:3
    d) 2:3
    e) 2:3

Kap. 4

4.1. a) $CH_3CO(A_3)$, $C(CH_3)_3(A_9)$; 1:3
    b) $CH_3O(A_3)$, $OCH_2(A_2)$, $C(CH_3)_3(A_9)$; 3:2:9
    c) $2CH_3O(A_6)$, $2OCH_2(A_4)$; 3:2
    d) $2CH_3(A_6)$, $2CH_2Br(A_4)$; 3:2
    e) $4CH_2(A_8)$
    f) $3CH_3(A_9)$, $3 = CH(A_3)$; 3:1
    g) $2CH_2(A_4)$

4.2. a) D 1:1, T 1:2:1; 2:1
    b) T 1:2:1, Q 1:3:3:1; 3:2
    c) T 1:2:1, T 1:2:1; 1:1
    d) D 1:1, Q 1:3:3:1, S; 3:1:3
    e) D 1:1, Sept. 1:6:15:20:15:6:1, S; 6:1:3
    f) T 1:2:1, Q 1:3:3:1, S; 3:2:2
    g) D 1:1, Q 1:3:3:1, S; 3:1:6
    h) T 1:2:1, Q 1:3:3:1; 3:2
    i) T 1:2:1, Q 1:3:3:1, Q 1:3:3:1, T 1:2:1; 3:2:2:3

4.3. a) Abb. 7.6. und Varian 65*)
    b) Varian 149
    c) Varian 125
    d) Varian 22
    e) Varian 61
    f) Varian 60

Kap. 6

6.1. CH_3CO, OCH_2; 2S, 3:2.
6.2. CH_3O, $COCH_2$; 2S, 3:2.
6.3. CH_3CO, OCH_2, CH_2CO, OCH_3; S, T 1:2:1, T 1:2:1, S, 3:2:2:3.
6.4. Komplexes Multiplett.
6.5. Komplexes Multiplett mit Symmetrie.
6.6. Komplexes Multiplett.

---

*) Die Nummern beziehen sich auf die Spektrennummern in High Resolution NMR Spectra Catalog, Varian Ass., Calif.

6.7. S.

6.8. 2S für CH$_3$O und COCH$_3$, komplexes Multiplett mit Symmetrie für Aromatenprotonen.

Kap. 7

7.1. a) S bei 2,8 ppm (Sadtler 10161)**) − D 1:1 bei 1 ppm und Q 1:3:3:1 bei ≈3 ppm, 3:1.

b) S bei 3,7 ppm und S bei 2,5 ppm, 3:2 (Sadtler 4930) − S bei 2 ppm und S bei 4,2 ppm, 3:2 (Sadtler 17122).

c) T 1:2:1 bei 1 ppm und Q 1:3:3:1 bei 3,5 ppm, 3:2 − T 1:2:1 bei 3,5 ppm, verzerrtes T bei 1 ppm und komplexes Multiplett bei 1,5 ppm, 2:3:4.

d) Komplexes Multiplett bei 3,6 ppm (Sadtler 10930) − D 1:1 bei 1,5 ppm und Q 1:3:3:1 bei ≈5 ppm, 3:1.

e) T 1:2:1 bei 1 ppm, T 1:2:1 bei 3,4 ppm und Sextett 1:5:10:10:5:1 bei 1,8 ppm, 3:2:2 (Sadtler 6660) − D 1:1 bei 1,5 ppm und Septett 1:6:15:20:15:6:1 bei 4,1 ppm, 6:1 (Sadtler 6866).

f) Komplexes Multiplett bei 7,1 ppm und S bei 2,1 ppm, 5:3 (Sadtler 6777) − komplexes Multiplett bei 7 bis 8 ppm und S bei 3,8 ppm, 5:3 (Sadtler 78).

g) Komplexes Multiplett bei 7 bis 8 ppm, Q 1:3:3:1 bei 3,0 ppm und T 1:2:1 bei 1,2 ppm, 5:2:3 (Sadtler 34) − S bei 7,2 ppm, S bei 3,6 ppm und S bei 2 ppm, 5:2:3 (Sadtler 1855).

h) S bei 8,1 ppm, Q bei 1:3:3:1 bei 4,4 ppm und T 1:2:1 bei 1,4 ppm, 2:2:3 (Sadtler 18746) − komplexes Multiplett mit Symmetrie bei 7,5 ppm, Q 1:3:3:1 bei 4,3 ppm und T 1:2:1 bei 1,3 ppm, 2:2:3 (Sadtler 705).

i) Komplexes Multiplett bei 7 bis 8 ppm, S bei 12 ppm und S bei 2,5 ppm, 4:1:3 (Abb. 7.15.) − komplexes Multiplett mit Symmetrie bei 6,8 bis 7,8 ppm, S bei 2,5 ppm, 4:3; zusätzlich S für OH (Sadtler 10590).

j) Komplexes Multiplett bei 7,8 ppm (Sadtler 8593) − komplexes Multiplett bei 8 bis 9 ppm.

k) S bei 8,0 ppm (Varian 398) − T 1:2:1 bei 9,2 ppm und T 1:2:1 bei 7,5 ppm, 1:1 (Sadtler 553).

l) S bei 8,0 ppm (Varian 398) − S bei 2,8 ppm (Sadtler 10167).

m) S bei ≈2,5 ppm − komplexes Multiplett bei ≈2,5 ppm.

n) D bei 6,3 ppm und D bei 7,0 ppm, 1:1, Aufspaltung ≈15 Hz − D bei 6,3 ppm und D bei 7,0 ppm, 1:1, Aufspaltung ≈8 Hz.

o) S bei ≈2,5 ppm und S bei 1,5 ppm, 2:3 − 2 D bei ≈2,5 ppm und S bei 1,5 ppm, 1:1:3.

**) Die Nummern beziehen sich auf die Spektrennummern in dem von der Fa. Sadtler Research Laboratories, Philadelphia, Pa., herausgegebenen Atlas „NMR Standard Spectra".

7.2. a) para: S bei 7,5 ppm; meta: S bei 8 ppm, D bei 7,5 ppm, T bei 7 ppm, 1:2:1; ortho: kompl. Multiplett mit Symmetrie bei 7,5 ppm.
   b) 1,2,3: D bei 8 ppm, T bei 7,5 ppm, 2:1; 1,3,5: S bei 8 ppm; 1,2,4: kompl. Multiplett bei 7,5 bis 8 ppm.
   c) 1-Brombutan
      1-Brom-2-methylpropan
      tert-Butylbromid
      2-Brombutan
   d) $CH_3OCH_2CH_3$
      $CH_3CH_2CH_2OH$
      $(CH_3)_2CHOH$
   e) $CH_2 = C = CH_2$
      $CH \equiv CCH_3$
      $\underset{\underset{H_2}{C}}{HC = CH}$

7.3. CH_3CHO

7.4. $CH \equiv CCH_2Br$

7.5. $CH_2 = C = C(CH_3)_2$

7.6. a) $CH_3 - CO - CH_2CH_3$
     b) $(CH_3)_2CH - CHO$
     c) $CH_2 = CH - O - CH_2CH_3$

7.7. a) $CH \equiv C - \underset{\underset{OH}{|}}{CH} - CH_3$
     b) $CH \equiv C - CH_2 - CH_2OH$
     c) $CH_3 - CH = CH - CHO$

7.8. $CH_3CH_2 - O - CH_2CH_2 - O - CH_2CH_3$

7.9. $CH_3 - O - \underset{\underset{OCH_3}{|}}{\overset{\overset{OCH_3}{|}}{C}} - CH_2CH_2 - O - CH_3$

7.10. $(CH_3CH_2)_2C(COOCH_2CH_3)_2$

7.11. $Cl - C_6H_4 - OCH_3$

7.12. $C_6H_4(COOCH_2CH_3)_2$ (ortho)

7.13.

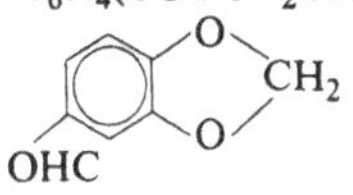

Kap. 10

Aspirin 54,5, Phenacetin 38,2, Coffein 7,3 Mol-%.

Sachverzeichnis